ひと目でわかる！すぐに役立つ!!
異物混入を防ぐ！

発刊にあたって

　数年前に発生した食品への異物混入が大きな社会問題となり、あらためて食品への異物混入対策の重要性が認識されたところです。また、最近、お菓子への異物混入による大規模な自主回収事例が報道されたところです。

　国民生活センターによりますと、食品の異物混入に関する相談は、2009年度以降累積で16,094件寄せられており、そのうち、「異物によって歯がかけた」「異物によって口内を切った」などの危険情報は3,191件となっています（2015年1月10日までの登録分）。このように、食品に混入した異物によっては健康被害が発生することもあり、食品等事業者は、安全な食品を消費者に提供するため、食品への異物混入対策を確実に講じる必要があります。異物によっては人の健康に直接影響を与えるおそれがないものもありますが、前述のような大規模な自主回収につながることのないよう、日頃から、適切な対策を徹底しておかなければなりません。

　本書では、近年の異物混入苦情の動向と状況、異物混入を防ぐための具体的な対策、異物検査の方法とその知識、日常気をつけるべきことなどについて細かく解説し、巻末では実際の異物混入苦情事例とその報告・回答・改善策、さらに食品関連施設で問題となりがちな虫を図鑑風に紹介しています。

　本書が、食品等事業者の皆様にとりまして異物混入対策の一助となり、より適切・確実な対策が構築できるよう願ってやみません。

平成28年6月　公益社団法人日本食品衛生協会

専務理事　桑﨑 俊昭

はじめに

　消費者から寄せられる食品の苦情のうち、件数も割合も最も多いのが「異物混入苦情」です。この状況は従来から今日まで一貫して変わっておりません。具体的にその内容をみてみると、金属や鉱物、タバコなどの危険異物については、販売者やメーカーの努力により確実に減少しています。一方で種・ヘタ・皮・鱗など原材料の一部の混入苦情は増加し続けています。

　そもそも異物とは何かということについて、販売者やメーカーの考えている異物と、消費者の意識にある異物とは認識が一致していないようにも感じます。この本では消費者から異物混入苦情として届けられる広範なものも含めて異物と受け止め、再発防止策のヒントを考えていきます。

　異物混入は本来ロットクレームや多発苦情にはなりにくいトラブルですが、昨今では食品への異物混入苦情が原因となって、商品の自主回収が実施されることも少なくありません。また、一般に異物混入対策と考えられている対応にも、必ずしも再発防止につながる対策とはいえないものが含まれている場合もあり、本来の異物混入対策とは何なのかについても考えていく必要があるでしょう。異物混入苦情については、昔からあまりにも身近であるだけに、わかっているつもりでもじつはわかっていないことがいろいろあります。

　この本では、異物混入苦情の発生から再発防止策の確立までのさまざまな方法や手順、さらには異物混入苦情の発生を未然に防ぐための対策などについて基礎的なことを紹介しています。紹介した対策や事例は食品工場を例に執筆しておりますが、異物混入対策の基本は食品関連施設すべてに共通であり、この本の内容は飲食店や量販店、ホテルなどの厨房や給食施設、さらには容器包装関係など、およそ食品を取り扱うすべてのところで役に立つことばかりです。

　毛髪対策として現在では常識となっているブラッシングや粘着ローラーですが、本来は洋服のホコリ除去用であった道具を毛髪除去に使用したのは、某洋菓子工場の工場長の知恵と工夫でした。世の中にはまだまだ異物混入対策として有効な手段や方法、知恵や工夫が眠っています。この本を読んでくださった皆さんのなかから、そうした知恵や工夫を紹介していただき、製造現場で活用してみたいとも思います。

　この本を通して食品異物の奥の深さ、幅の広さをご理解いただき、真摯に異物混入対策と向き合う仲間が一人でも増えんことを祈念しております。

　ようこそ、異物の世界へ

　　　　　　　　　　　　　　　　　　　平成28年6月　公益社団法人日本食品衛生協会

　　　　　　　　　　　　　　　　　　　　　　　　技術参与　佐藤　邦裕

監修

公益社団法人日本食品衛生協会　技術参与
佐藤　邦裕

一般財団法人環境文化創造研究所　常任理事
江藤　諮

執筆者一覧

江藤　諮　一般財団法人環境文化創造研究所　常任理事
大音　稔　イカリ消毒株式会社　海外事業部　部長
尾野　一雄　イカリ消毒株式会社　営業部　コンサルティンググループ　チーフコンサルタント
佐藤　邦裕　公益社団法人日本食品衛生協会　技術参与
塩田　智哉　イカリ消毒株式会社　営業部　コンサルティンググループ　グループ長
田近　五郎　イカリ消毒株式会社　取締役　技術部　部長

(敬称略　五十音順)

写真提供

谷川　力　イカリ消毒株式会社　技術研究所　所長
富岡　康浩　イカリ消毒株式会社　技術研究所　主任研究員
イカリ消毒株式会社　技術研究所
イカリ消毒株式会社　LC環境検査センター

もくじ

発刊にあたって ……………………………………………………… 2
はじめに …………………………………………………………… 3

1　異物混入と苦情（佐藤邦裕）　10

「異物」とは何か ………………………………………………… 10
現在世の中で起きていること …………………………………… 12
異物混入苦情件数の増減 ………………………………………… 14
異物によって変わる、苦情の持ち込み先 ……………………… 16
食品に混入した異物の内訳 ……………………………………… 18
近年の商品自主回収の状況 ……………………………………… 20
「異物混入苦情」と「異物混入」の件数の違い ……………… 22
本来の異物混入対策 ……………………………………………… 24

2　異物混入対策（尾野一雄・塩田智哉・江藤諮・佐藤邦裕）　26

▶有害生物対策　26

食品工場で問題となる有害生物 ………………………………… 26
有害生物対策の難しさ …………………………………………… 28
内部発生昆虫（湿潤環境）の特徴 ……………………………… 30
内部発生昆虫（湿潤環境・食菌性）の特徴 …………………… 32
内部発生昆虫（乾燥環境）の特徴 ……………………………… 34
外部侵入昆虫の特徴 ……………………………………………… 36
ゴキブリ（外部侵入昆虫）の特徴 ……………………………… 38
有害生物・ネズミの特徴 ………………………………………… 40
有害生物・鳥（ハト類、カラス類）の特徴 …………………… 42
有害生物への対策 ………………………………………………… 44

有害生物に対する防御力の強化① ……………………………………………46
　　　有害生物に対する防御力の強化② ……………………………………………48
　　　有害生物に対する防御力の強化③ ……………………………………………50
　　　有害生物に対する防御力の強化④ ……………………………………………52
　　　有害生物に対する防御力の維持 ………………………………………………54
　　　有害生物の把握 …………………………………………………………………56
　　　モニタリング結果への対応 ……………………………………………………58
　　　有害生物の駆除 …………………………………………………………………60
　　　有害生物の管理 …………………………………………………………………62

薬剤について知っておくこと …………………………………………………64

▶毛髪対策　　　　　　　　　　　　　　　　　　　　　66
　　　毛髪混入の実態 …………………………………………………………………66
　　　毛髪混入防止のためにすべきこと ……………………………………………68
　　　毛髪混入防止のためにすべきこと① …………………………………………70
　　　毛髪混入防止のためにすべきこと② …………………………………………72
　　　毛髪混入防止のためにすべきこと③ …………………………………………74
　　　毛髪対策の状況・効果の確認 …………………………………………………76

▶硬質異物対策　　　　　　　　　　　　　　　　　　　78
　　　絶対避けたい硬質異物混入 ……………………………………………………78
　　　硬質異物の混入状況 ……………………………………………………………80
　　　硬質異物混入の防止策 …………………………………………………………82
　　　硬質異物の除去① ………………………………………………………………84
　　　硬質異物の除去② ………………………………………………………………86

3　異物の検査（鑑定・同定）方法 （田近五郎・江藤諮・佐藤邦裕）　88

▶簡易的な異物検査の手法　88

　工場内での簡易検査 …………………………………………………………88

　形態観察（外観の観察） ………………………………………………………90

　形態観察（昆虫） ………………………………………………………………92

　形態観察（毛髪①） ……………………………………………………………94

　形態観察（毛髪②） ……………………………………………………………96

　形態観察（人毛） ………………………………………………………………98

　形態観察（金属） ………………………………………………………………100

　反応試験（水、熱への反応） …………………………………………………102

▶検体の発送　104

　検査の依頼方法 …………………………………………………………………104

▶異物検査の実際　106

　検査機関で行う試験① …………………………………………………………106

　検査機関で行う試験② …………………………………………………………108

4 日常の管理体制の構築 （大音稔・江藤諮・佐藤邦裕） 110

▶異物混入対策の基本 － 5S － 110

異物混入を防ぐ 5S 管理 ……………………………………… 110

5S の実施内容① ……………………………………………… 112

5S の実施内容② ……………………………………………… 114

5S の実施内容③ ……………………………………………… 116

5S の実施内容④ ……………………………………………… 118

5S の構築と徹底 ……………………………………………… 120

異物混入事例集 …………………………………………… 122

工場でよくみられる害虫プロフィール ……………… 128

「異物」とは何か
食品製造者としての「異物」のとらえ方

図表1-1　食品衛生法による異物の扱い

> **第2章　食品及び添加物**
> 〔不衛生な食品又は添加物の販売等の禁止〕
> 第6条　次に掲げる食品又は添加物は、これを販売し（不特定又は多数の者に授与する販売以外の場合を含む。以下同じ。）、又は販売の用に供するために、採取し、製造し、輸入し、加工し、使用し、調理し、貯蔵し、若しくは陳列してはならない。
> 一　腐敗し、若しくは変敗したもの又は未熟であるもの。ただし、一般に人の健康を損なうおそれがなく飲食に適すると認められているものは、この限りでない。
> 二　有毒な、若しくは有害な物質が含まれ、若しくは付着し、又はこれらの疑いがあるもの。ただし、人の健康を損なうおそれがない場合として厚生労働大臣が定める場合においては、この限りでない。
> 三　病原微生物により汚染され、又はその疑いがあり、人の健康を損なうおそれがあるもの。
> **四　不潔、異物の混入又は添加その他の事由により、人の健康を損なうおそれがあるもの。**

図表1-2　混入異物（金属）の大きさに対する各国のとらえ方や基準[1)-3)]

日本……食品衛生法第2章第6条第4号「人の健康を損なうおそれがあるもの」の「販売等の禁止」とあるが、種類や大きさなどに具体的な基準はない。

韓国……口の中で異物を感知できるのは2.0mm程度以上のものであると判断をしている。「長さ2.0mm以上の異物が検出されてはいけない」という基準を、粉末、ペースト、液状の食品に対して設定している。

EU……一般食品法規則178のガイドラインに、食品異物混入に関する説明を記載している。しかし食品異物混入基準は明記されていない。

米国……FDA（米国医薬食品局）が、1972～1997年に食品中にかたく鋭利な異物が含まれていたケース約190件の評価を実施した。その結果、乳幼児、術後患者、高齢者のような特別のリスクグループを除き、異物の長さ、幅、厚さなどの寸法が7.0mm以下の場合には、外傷性損傷や重度の内傷が起こることはまれであるとしている。

文献：1) JETRO Food & Agriculture(2007年11月12日).
　　　2) GUIDANCE ON THE IMPLEMENTATION OF ARTICLES 11,12,16,17,18,19 AND 20 OF REGULATION(EC)N°178/2002 ON GENERAL FOOD LAW(2004)：http://ec.europa.eu/food/food/foodlaw/guidance/guidance_rev_7_en.pdf
　　　3) US Food and Drug Administration：Manual of Compliance Policy Guides.

1 異物混入と苦情

Point 「異物」とは何か。そのとらえ方は立場によってさまざまです。

- 国や立場、人によっても異なる「異物」のとらえ方
- このテキストで取り扱う「異物」とは

異物とは　　　　　　　　　　　　　　　　　　　　　　　　　　　　図表1-1

　このテキストでは、異物混入をいかにして防ぐか、異物混入苦情が起きてしまったらどのように対処すればよいかを考えていきます。

　最初に、法律上では異物がどのように扱われているかをみていきましょう。食品の衛生を管理する食品衛生法では2章の第6条で、異物の混入その他の事由により人の健康を損なうおそれがある不衛生な食品の販売等を禁止しています。一方で消費者のなかには、食品に混入した原材料の皮や種、茎やスジなど、喫食しても健康を損なうおそれがないように思われるものも異物として認識する人もいます。

　このように、何を異物とするかについては、さまざまなとらえ方があります。しかしこの本では、消費者が異物として認識し、苦情として申告するもの（こうした感覚にはもちろん個人差があります）を広く「異物」として取り扱うこととします。

国によって違う、異物と判断する混入物の大きさ　　　　　　　　　　図表1-2

　日本では、混入異物の大きさや形状に関して、特別な規定はありません。しかし、国によっては口中での感知レベルや、外傷の原因となる可能性を考え合わせながら基準を定めているところもあります。ここで示されている具体的な数字はそれぞれ根拠のある数値ですから、日常の品質管理活動（自主管理）の目安としてこうした諸外国の基準を参考にすることも意味のあることだと思われます。

現在世の中で起きていること
異物混入苦情の概況

図表1-3　東京都に寄せられた異物混入苦情受付件数の集計（1997～2012年度）

		1997	1998	1999	2000	2001	2002	2003	2004	2005	2006	2007
虫	他の虫	14	19	32	108	51	34	39	32	38	52	86
	ハエ	30	23	19	107	44	61	39	46	56	40	51
	ゴキブリ	114	104	84	162	108	104	101	90	92	83	115
	虫卵	1	1	5	6	2	4	2	3	6	2	2
	幼虫	20	17	20	60	32	39	24	15	25	29	33
	不明	46	50	33	160	73	96	66	54	66	78	102
	小計	225	214	193	603	310	338	271	240	283	284	389
	寄生虫	44	41	34	48	34	30	30	8	24	18	46
鉱物性	ガラス	8	8	8	35	14	12	18	16	14	21	30
	石・砂	3	11	8	17	7	15	5	12	9	14	10
	金属	42	48	39	134	63	73	71	74	83	91	90
	その他		10	7	19	12	8	11	7	8	14	7
	小計	53	77	62	205	96	108	105	109	114	140	137
動物性	人毛	60	59	51	144	80	86	73	92	66	103	108
	獣毛	3	5	6	12	4	8	8	14	4	3	7
	爪・歯	3	4		12	10	9	3	9	3	3	16
	ネズミの糞	10	4	8	15	15	11	6	9	5	5	8
	その他	15	18	18	53	41	45	17	21	24	21	37
	小計	91	90	83	236	150	159	107	145	102	135	176
プラスチック		20	29	34	111	50	76	44	77	73	79	124
木		2	7	7	26	17	16	9	8	10	8	16
紙		6	9	4	12	17	17	10	21	7	13	23
繊維		8	8	12	33	20	16	9	16	19	26	32
タバコ		1	6	5	8	7	5	7	5	2	4	6
ばんそうこう		2	6	8	10	10	5	7	9	7	14	8
その他		97	80	79	311	158	146	145	154	115	134	184
合計		549	567	521	1,603	869	916	744	792	756	855	1,141

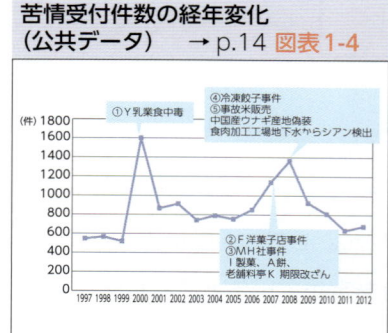

苦情受付件数の経年変化
（公共データ）　→p.14 図表1-4

東京都に寄せられた異物混入苦情件数を年ごとに見ていくことでわかる内容についてご紹介します。

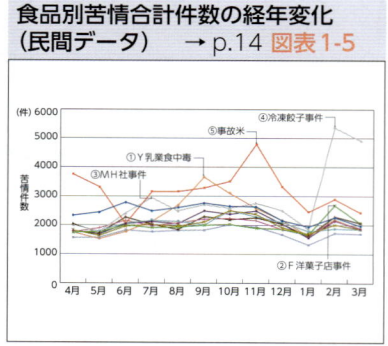

食品別苦情合計件数の経年変化
（民間データ）　→p.14 図表1-5

流通機関の商品苦情データベースをもとに、苦情が増減する理由について考えます。

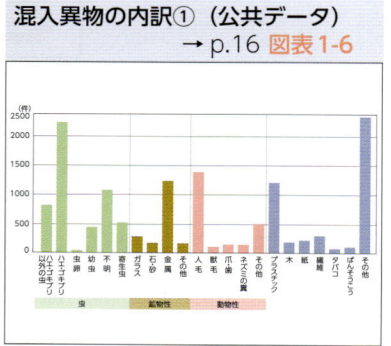

混入異物の内訳①（公共データ）
　→p.16 図表1-6

東京都に寄せられた異物混入苦情の内訳から、その特徴を考えます。

1 異物混入と苦情

Point さまざまなデータを異物混入対策にいかしましょう。
- データを読む時に意識すべき、おのおののデータの特性
- データを正しく読み取って行う、有効な異物混入対策

2008	2009	2010	2011	2012	合計
66	74	62	56	56	819
45	42	24	39	27	693
101	92	73	57	73	1,553
3	3	2	0	1	43
32	25	24	25	19	439
127	41	41	32	18	1,083
374	277	226	209	194	4,630
52	28	35	22	27	521
24	28	17	15	13	281
17	11	13	11	9	172
139	91	79	45	76	1,238
22	8	14	7	11	165
202	138	123	78	109	1,856
139	116	84	63	68	1,392
16	6	5	7	3	111
6	9	17	11	10	125
6	4	5	9	3	123
70	35	31	24	35	505
237	170	142	114	119	2,256
165	99	90	63	80	1,214
12	12	13	15	11	189
26	13	18	17	11	224
35	16	17	16	18	301
4	4	6	2	6	78
8	6	8	3	7	118
250	164	134	100	99	2,350
1,365	927	812	639	681	13,737

東京都福祉保健局健康安全部食品監視課編
平成9〜24年度「食品衛生関係苦情処理集計表」

東京都に持ち込まれた異物混入苦情の状況

ここから、東京都や国民生活センターがまとめている公共データと、流通機関（生活協同組合など）に申告された異物混入苦情や民間の異物検査機関での異物鑑定結果などの民間データを材料に、効果的な異物混入対策について分析・検討していくことにします。

異物混入苦情件数が年ごとに大きな変動をする点については、公共データと民間データの間に大きな違いはありません。しかし、申告される混入異物の内容については、公共データと民間データとでは様子がかなり違っています。つまり、公共データだけではなく多くのデータを見比べることがたいせつになるのです。このことは異物混入苦情を考えていくうえでの重要なポイントのひとつです。

データをもとに公共データと民間データで数値に差が生じる理由や、現在の状況を読み解いていきましょう。

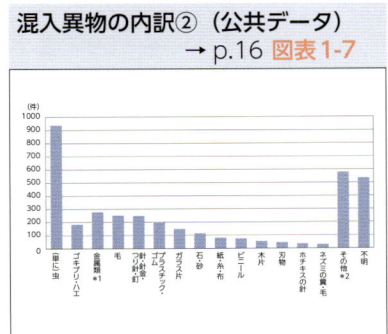

混入異物の内訳②（公共データ）
→p.16 図表1-7

消費生活センターに寄せられた異物混入苦情の内訳から、公共データにみられる特徴を考察します。

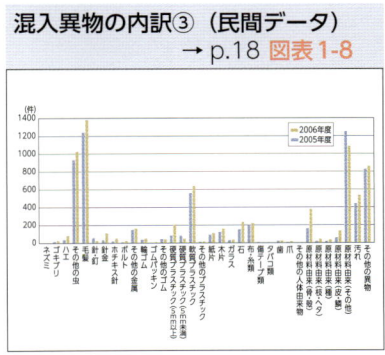

混入異物の内訳③（民間データ）
→p.18 図表1-8

流通機関に寄せられた異物混入苦情の内訳から、公共データとの違いを考えていきます。

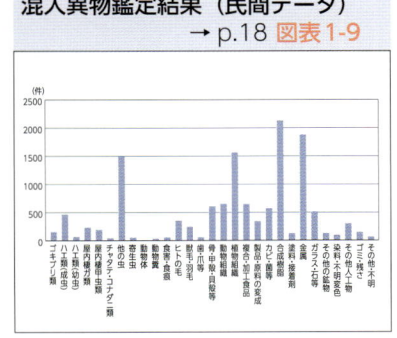

混入異物鑑定結果（民間データ）
→p.18 図表1-9

民間の検査機関での混入異物鑑定結果です。公共データ、流通機関への苦情内容との違いをみていきます。

異物混入苦情件数の増減

苦情件数は、食の安全をおびやかす事件・事故に敏感に反応

図表1-4　東京都に寄せられた異物混入苦情受付件数（年度別）

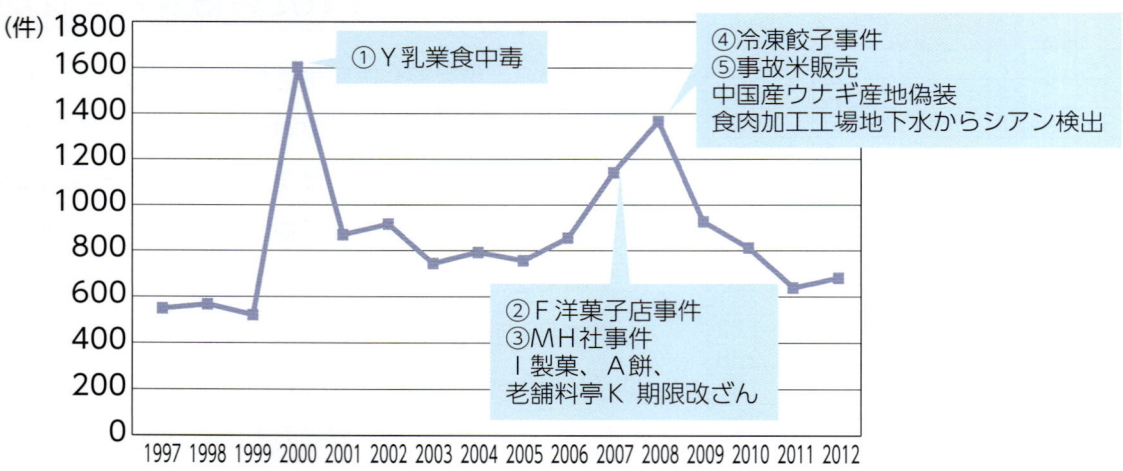

東京都福祉保健局健康安全部食品監視課編　平成9～24年度「食品衛生関係苦情処理集計表」

参考　異物混入苦情件数の増減に大きな影響を与えた事件・事故

①2000年6月：Y乳業大阪工場製造の低脂肪乳等を原因とする食中毒事件。有症患者数は14,780人に達した。
②2007年1月：大手洋菓子メーカーFが社内規定の使用期限が切れた牛乳でシュークリームを製造していたことが、内部告発により発覚。販売の全面休止を余儀なくされ、その後、大手パン会社の子会社となった。
③2007年6月：N生協連の牛肉コロッケの原料肉に、豚肉や鶏肉が使用されていることが発覚。偽装原料は製造担当の加工業者がMH社から購入しており、N生協連の立ち入り調査でMH社が偽装を認めた。
④2008年1月：2007年12月下旬以降、N生協連などで販売された中国製冷凍餃子を食べた組合員が中毒症状を訴え、一時重篤な状態に。2008年1月末、冷凍餃子から農薬成分であるメタミドホスが検出された。後の調査で、中国の製造工場で従業員が意図的に混入したことがわかった。
⑤2008年9月：事故米の不正流通事件。Mフーズ社など一部の米穀業者が、非食用に限定された事故米を、非食用であることを隠して販売していた。

図表1-5　流通機関に寄せられた苦情受付件数（月別）

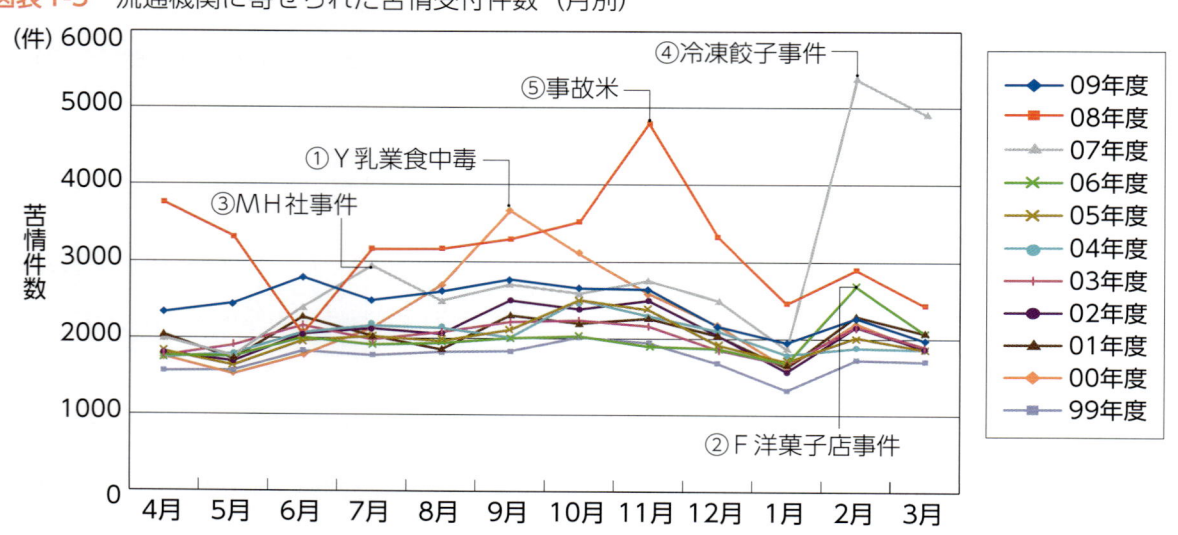

日本生協連商品苦情データベースをもとに作成

1 異物混入と苦情

> **Point** 年度や月ごとの苦情受付件数の増減から考えましょう。
> ・苦情件数が大幅に増えた時期と、大規模な事件や事故の発生時期は一致
> ・大規模な事件や事故に対する消費者の心情や動向を考慮

東京都に寄せられた年度別の異物混入苦情件数の増減　　図表1-4

　12ページの図表1-3「東京都に寄せられた異物混入苦情受付件数」のデータを、年度ごとの総苦情件数に注目してみてみましょう。すると、東京都の保健所に寄せられた異物混入苦情件数の推移がわかります。

　表の数値を折れ線グラフにしてみていくと、保健所に寄せられた苦情件数のなかでも、2000年に受けつけた苦情件数の突出が目につきます。この年、大手乳業メーカーによる大規模食中毒事故が発生し、事故以降、苦情件数は大幅に増加しました。そのほかの年をみても、苦情件数が多い年には必ず大規模な食中毒事件および事故が発生しており、事件や事故の発生やマスコミの報道に、苦情件数が敏感に反応していることがわかります。また、2000年以降は以前のレベルに戻ることなく全体の苦情件数が底上げされていることもわかります。

　このように、異物混入苦情件数は、食の安全・安心をおびやかす事件や事故の発生に、敏感に反応して増加します。事件や事故が大々的に報道されると、消費者の間に食に対する不安感や不信感が生じることが要因のひとつと考えられます。

流通機関に寄せられた月別の苦情受付件数の増減　　図表1-5

　今度は、総苦情件数を月別にみてみましょう。図表1-5は流通機関に寄せられた苦情受付件数の推移です。食に関する大規模な事件や事故の発生時期に苦情受付件数が増加しており、事件や事故と苦情受付件数が密接に関係していることがよくわかります。このような増減は、公共データにも民間データにも同様に表れています。

　事件や事故についての報道を目にすることで、消費者は食品をじっくり眺めたり、それまで気にならなかったような色やにおいなどが気になり始めます。結果、購入店舗やメーカーへの問い合わせが増え、それらが異物混入苦情としてカウントされることで、総苦情件数が増加します。

異物によって変わる、苦情の持ち込み先
データの出どころを念頭におくことのたいせつさ

図表1-6 東京都に寄せられた混入異物の内訳（1997～2012年度）

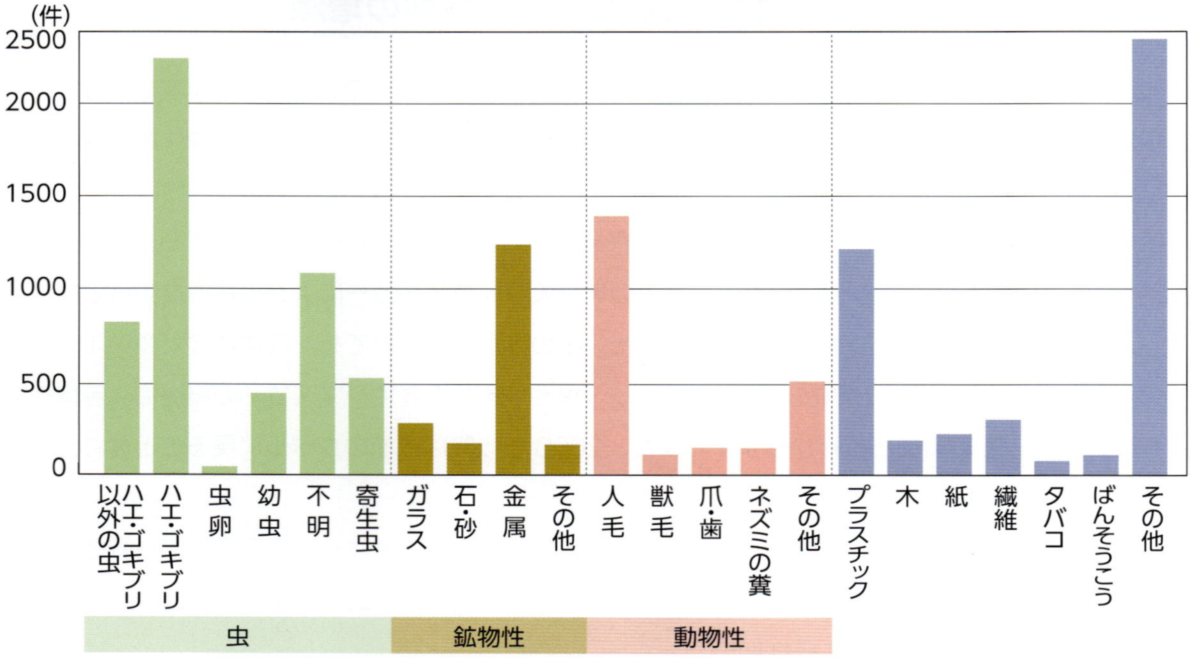

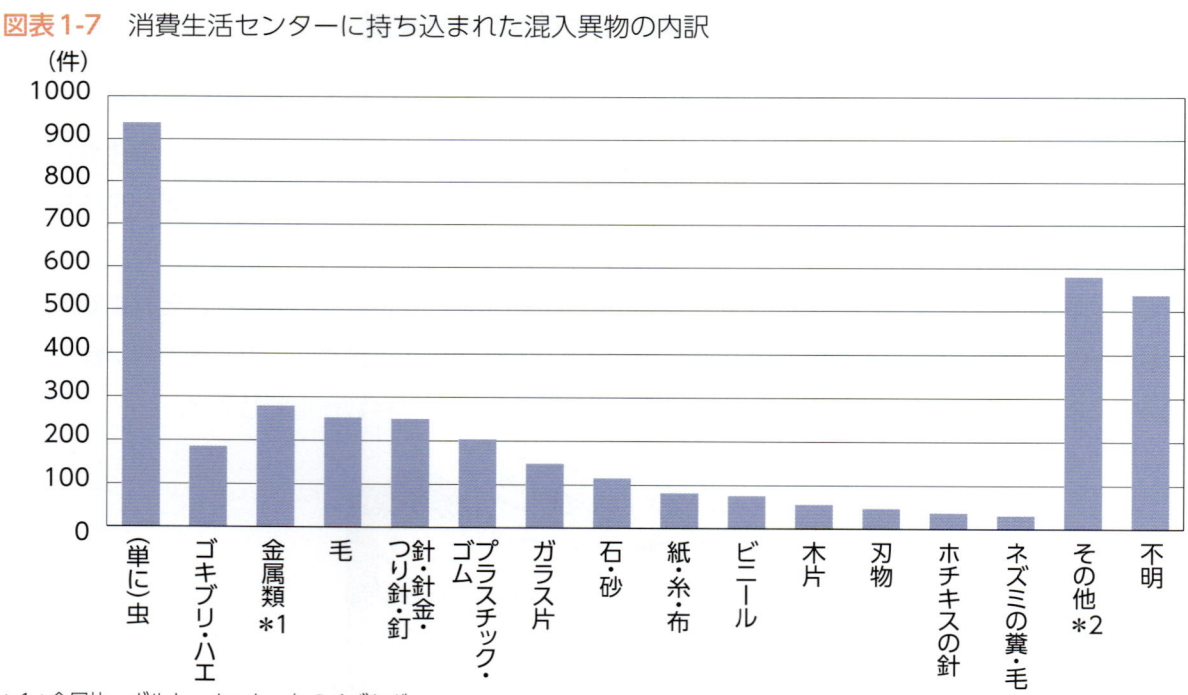

東京都福祉保健局健康安全部食品監視課編 平成9～24年度「食品衛生関係苦情処理集計表」をもとに作成

図表1-7 消費生活センターに持ち込まれた混入異物の内訳

＊1：金属片、ボルト、ナット、缶のくずなど
＊2：歯・骨、ばんそうこう、タバコ、カビのようなもの、報道等で問題が明らかにされた「ボツリヌス菌」、「黄色ブドウ球菌」などの細菌類を含む

国民生活センター刊『月刊国民生活』2000年12月号より

1 異物混入と苦情

> **Point** 公共データの特徴を念頭に混入異物の内訳を理解しましょう。
> ・不快感が強くインパクトの大きい異物の持ち込み先は公的機関
> ・必要に応じて民間データも確認

東京都に持ち込まれた混入異物の内訳　　図表 1-6

　12ページの図表 1-3「東京都に寄せられた異物混入苦情受付件数」のデータを、ここでは混入した異物別にグラフにしてみます。東京都には昆虫類の混入苦情が多く寄せられていますが、とりわけハエ・ゴキブリが突出して多いのが特徴です。そのほかでは金属など危害性・危険性の高いもの、人毛など不快感の強いものが多く寄せられています。この状況は、流通や検査機関がまとめた民間データ（→P.18）とは明らかな差がみられます。理由としては次のようなことが考えられます。

　東京都に寄せられた苦情受付件数とは、東京都内の保健所に持ち込まれた苦情件数を集計したものです。このように、行政がまとめ公開している公共データでは、ゴキブリやハエ、金属など消費者に与えるインパクトが大きいものの混入苦情が多くなる傾向があります。

　発見時のインパクトが大きい混入異物については、消費者は販売店やメーカーには持ち込まずに保健所に持ち込むと考えるべきでしょう。

消費生活センターに寄せられた混入異物の内訳　　図表 1-7

　公的機関である、消費生活センターに持ち込まれた混入異物の内訳です。

　全国の消費生活センターを統括している国民生活センターでは、月刊で機関誌『国民生活』を発行しています。2000年12月号では、食品の異物に関する特集を掲載しました。大手乳業メーカーによる大規模な食中毒事件が発生したこの年は、保健所ばかりではなく消費生活センターに持ち込まれた混入異物件数も多かったことが、特集を組んだ背景として考えられます。

　消費生活センターに持ち込まれた混入異物を分析してみると、虫の混入に対してゴキブリ・ハエが占める苦情件数の割合は、民間データ（→p.18）に比べ高くなっています。また、保健所のデータ（図表 1-6）では「ハエ・ゴキブリ」の混入件数が「ハエ・ゴキブリ以外の虫」の件数を上回っていましたが、消費生活センターのデータ（図表 1-7）では「ゴキブリ・ハエ」ではない「（単に）虫」の混入件数のほうが多くなっています。このことから、消費者に与えるインパクトが大きい異物混入苦情は、購入した店舗よりも公的機関に持ち込まれる傾向が強く、とりわけハエやゴキブリに関しては保健所の果たす役割が大きいことがわかります。

　公共データだけでなく、必要に応じて民間データも確認し、状況を正しく把握するようにしましょう。

ゴキブリ・ハエの混入は保健所に直接持ち込まれる場合が多い

食品に混入した異物の内訳
ありとあらゆるものが商品に混入

図表1-8　流通機関に寄せられた混入異物の内訳（2005・2006年度）

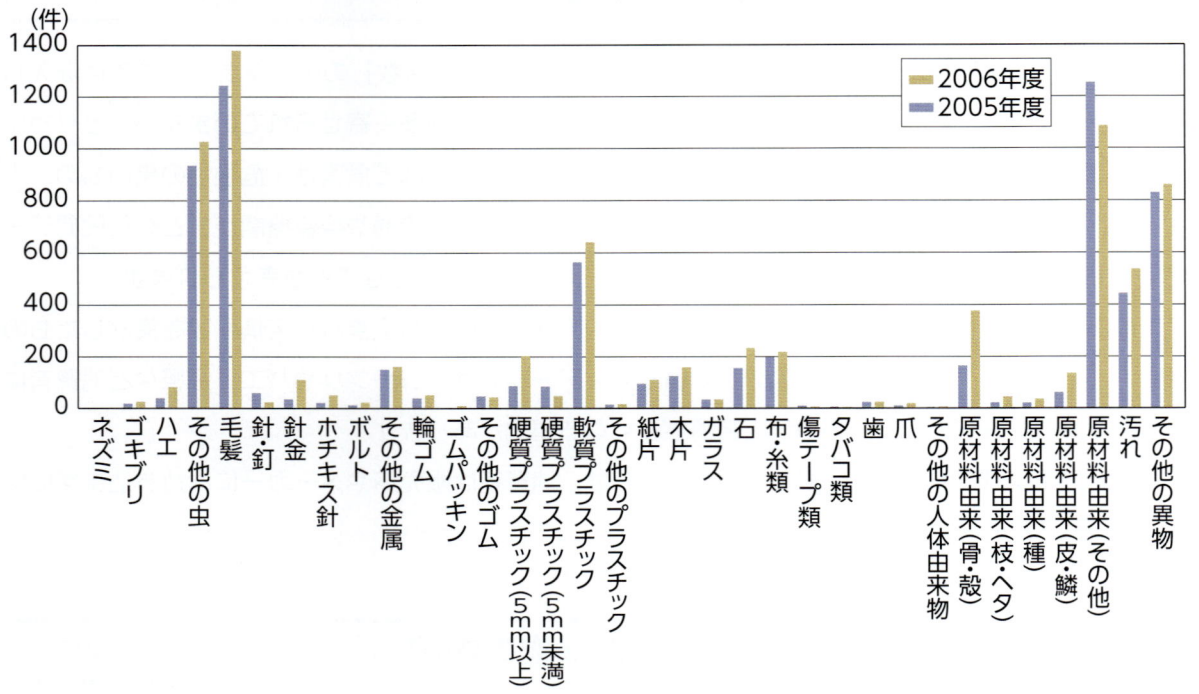

日本生協連商品苦情データベースをもとに作成

図表1-9　民間の検査機関に持ち込まれた混入異物の内訳（2011年）

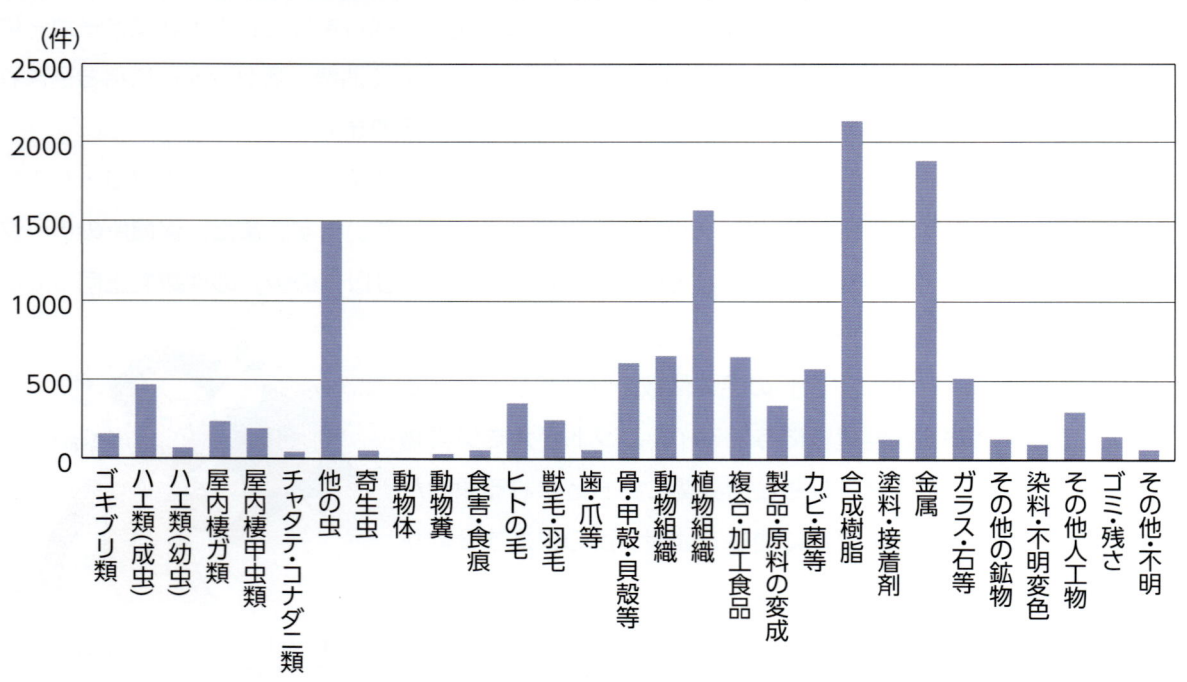

イカリ消毒（株）研修資料より

1 異物混入と苦情

> **Point** 異物混入の実態は、民間データに反映されます。
> ・異物混入苦情の原因物質の実態は民間データで確認
> ・ありとあらゆるものの混入の可能性を意識

流通機関に寄せられた混入異物の内訳　　　図表1-8

　流通機関に寄せられた混入異物の内訳からは、混入異物の実態が読み取れます。ありとあらゆるものが混入異物となる可能性があることがわかります。

　データからは、虫、毛髪、プラスチックや原材料由来の異物の件数が多く、虫ではハエ、ゴキブリ以外の虫が多いことが読み取れます。

　また流通機関のデータでは、原材料由来の異物（骨、殻、枝、ヘタ、種、皮、鱗など）の苦情件数が多くなっています。原材料の一部が苦情原因となるか否かは、混入したものの大きさと形状により変わります。サイズが大きい、あるいは形状が鋭利で、口にふくんだ時に危険を伴うと消費者が判断した場合に、苦情となることがほとんどです。

　この判断基準は消費者によって異なるので、実質的には異物の認定を消費者自身が行っていることになります。原材料由来の異物に対する消費者の感性は年々先鋭化しており、異物混入苦情件数が減らない一因となっています。消費者は、食に関わる事件や事故が起こるたびに異物に対して敏感になるので、原材料由来の異物による苦情件数は、社会情勢によっても大きく増減します。

　公共データとは異なり、民間データでは単独のカテゴリーで「毛髪」が最も多く届けられています。異物混入苦情の原因異物にはどんなものがあるのか、より実態を反映しているデータであると考えてよいでしょう。

原材料由来の異物

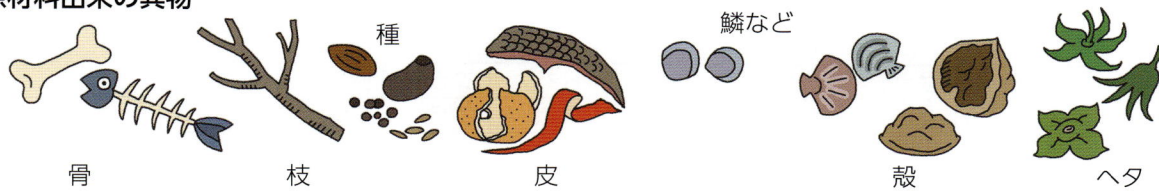

骨　　枝　　皮　　殻　　ヘタ（種、鱗など）

民間の検査機関に持ち込まれた異物の鑑定状況　　　図表1-9

　図表1-9は、民間の検査機関に持ち込まれた混入異物の鑑定結果です。ありとあらゆるものが、混入異物として鑑定（同定）されたことがわかります。昆虫類が多いですが、公共データのようにハエやゴキブリが突出して多いわけではありません。また、ヒトの毛や獣毛（毛髪）は少なくはありませんが、とりわけ多いこともありません。

　鑑定依頼では合成樹脂や金属といった危害性（危険性）の高いものが多くなっています。その異物が何であるかをきちんと調べ、混入経路を特定するねらいがあると思われます。全体としては、流通機関がまとめている民間データに近い内容となっています。

近年の商品自主回収の状況
事件や事故に反応するのは、商品自主回収も同様

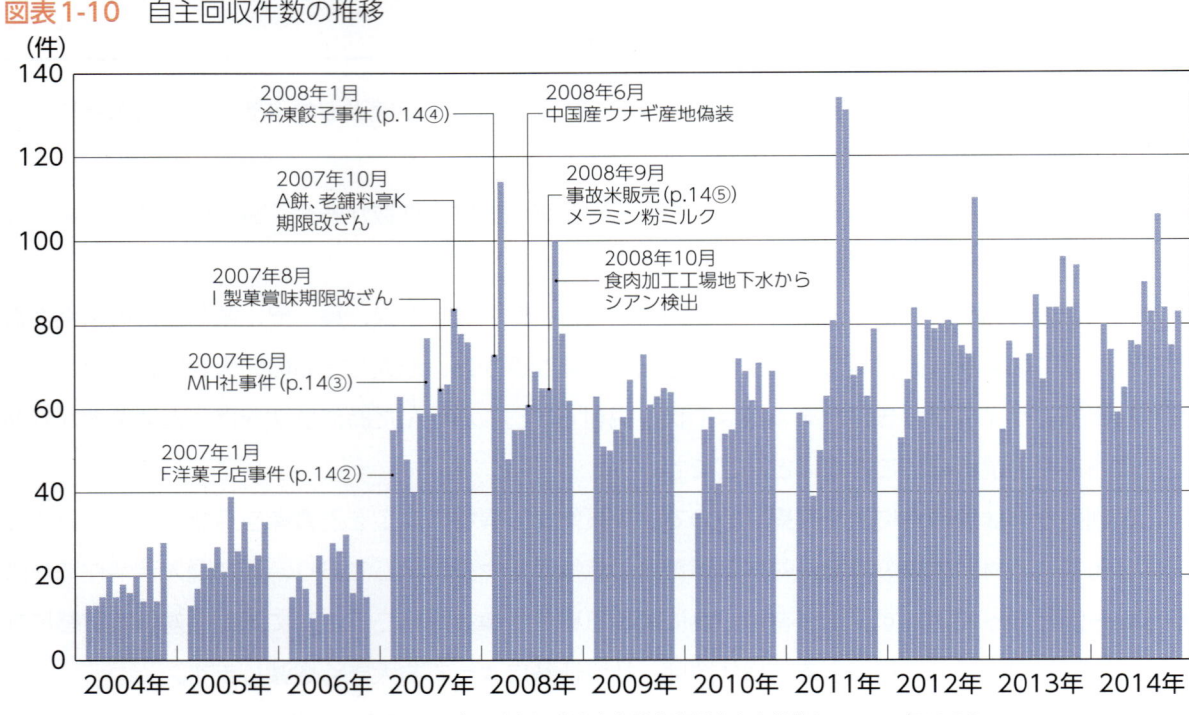

図表1-10　自主回収件数の推移

ホームページ　独立行政法人農林水産消費安全技術センター（FAMIC）
(https://www.famic.go.jp/syokuhin/jigyousya/index.html) をもとに作成

図表1-11　2014年の異物混入事故事例（商品回収を伴ったもの）

No.	月　日	商品回収対象商品	会社名	分　類
1	1月15日	チョコレート	RC社	プラスチック片
2	2月 9日	バームクーヘン	Y社	プラスチック片
3	6月27日	サラダ	H社	プラスチック片
4	8月18日	クリームパン（カスタード）	N社	プラスチック片
5	8月20日	皮なしウインナー	V社	プラスチック片
6	9月 8日	牛肉・豚肉挽き肉（解凍）	M社	ビニール片
7	9月15日	ウインナー	IH社	ビニール片
8	9月28日	クーヘン A, B, C	HH社	虫
9	10月 1日	米麦あわせ味噌	YH社	虫の脚
10	10月 2日	クリームパン（小倉）	S社	プラスチック片
11	10月 8日	メープルミックスナッツ	MY社	メイガの成虫・幼虫
12	10月28日	豆水煮缶詰	IA社	虫
13	12月 4日	カップやきそば A, B	MS社	虫
14	12月10日	冷凍パスタ A, B, C	NS社	虫
15	12月11日	しいたけ	IS社	虫
16	12月16日	チルド餃子	HS社	虫
17	12月18日	冷凍そばめし	MN社	プラスチック片
18	12月24日	ラスク	NE社	虫

ゴキブリ混入以降、件数が急増！

ホームページ　食品産業センター食品事故情報告知ネット
(http://www.shokusan-kokuchi.jp/) をもとに作成

1 異物混入と苦情

> **Point** 異物混入苦情を理由とする商品自主回収について理解しましょう。
> ・商品自主回収が決断される場合とは
> ・SNSの影響も考慮してしっかり苦情対応

事件や事故と自主回収件数の推移　　図表1-10

　商品の自主回収は経営トップの判断により、通常次のような理由で決断されます。

【自主回収が決断される場合】
・放置した時に、連続して同様の苦情が発生することが予測される場合
・混入異物の人体に与える危害性が極めて高い場合

　異物混入は、ロット単位で起こることの少ない事故です。本来であれば、異物混入が原因となった自主回収は多くないはずなのですが、近年は大きな事件や事故のあとなどに、自主回収が相次ぐ傾向がみられます。異物混入自体は自主回収をしても減らせません。異物混入防止のための対策として何をすべきかを考える必要があります。

異物混入苦情を理由とする商品自主回収　　図表1-11

　2014年12月4日のカップ焼きそばへのゴキブリ混入事件をきっかけに、異物混入事故対応としての商品自主回収が、12月24日までに6件も発生しました。2014年に生じた、異物混入が原因の商品自主回収の年間総件数は18件ですので、じつに3分の1が12月に集中したことになります。

　ゴキブリ混入による商品自主回収はSNS（おもにツイッター）などネットを介して情報が拡散され、社会的な問題となりました。

　この事件以降、食品に混入した異物をSNSに載せることや、その記事の紹介と自主回収のニュースをあわせて扱う報道が注目を集めるようにもなっています。苦情申告時の製造者側の対応やコメントまでもが消費者の感性を刺激し、時に大きな問題となる場合があることを、食品製造者が真剣に受け止めておく必要がありそうです。

「異物混入苦情」と「異物混入」の件数の違い
異物混入の真の怖さ

図表1-12 異物混入の多い食品

食品群（件数）	おもな食品（件数）
菓子類 (722)	洋菓子（147）、和菓子（134）、チョコレート（83）、スナック類（68）、あめ・キャラメル（61）、アイスクリーム類（53）、せんべい（50）
穀類 (688)	パン（280）、米（231）、麺類（143）、粉類（17）、もち（11）
調理食品 (565)	弁当（148）、惣菜類（94）、調理パン（63）、冷凍調理食品（57）、レトルト調理食品（47）、調理食品の缶詰・瓶詰（26）
魚介類 (410)	魚・貝類（215）、かつお節など魚介加工品（73）、干物・塩蔵品（54）、魚肉練り製品（43）、魚介缶・瓶詰（24）
飲料 (371)	清涼飲料（136）、ミネラルウォーター（73）、コーヒー・紅茶・ココア（62）、緑茶（31）、中国茶（30）
野菜・海草類 (322)	漬物・佃煮など（125）、野菜（75）、豆腐・納豆・おからなど（51）、海草（47）
調味料 (198)	オイスターソース（50）、ふりかけ（39）、砂糖・ジャム・蜂蜜（31）、食塩・しょうゆ・みそ（25）
乳卵類 (181)	牛乳（72）、粉ミルク（52）、ヨーグルト・チーズなど（42）、鶏卵（13）
肉類 (146)	ハム・ソーセージなど加工肉（71）、牛肉（26）、豚肉（22）、鶏肉（10）、ひき肉（9）
酒類 (103)	ビール（41）、ワイン（37）、清酒（12）
果物 (77)	果物の缶詰・瓶詰（32）、生鮮果物（25）、干し柿・干しぶどう（9）
その他 (38)	インスタント食品・チルド食品などその他の食品

国民生活センター刊『月刊国民生活』2000年12月号より

図表1-13 グッドマンの法則

商品に不満をもった消費者で、苦情を申し立て、その解決に満足をした人の再購入率は、苦情を申し立てない人に比べて極めて高い

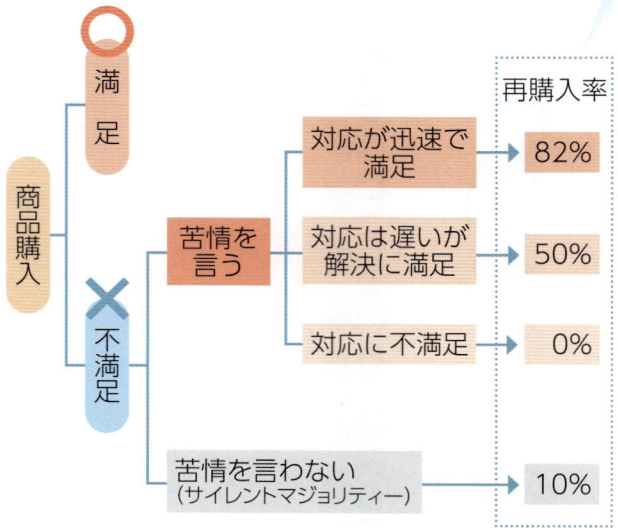

文献：佐藤知恭「体系：消費者対応企業戦略」（八千代出版, 1986）

図表1-14 食中毒はKOパンチ、異物混入はボディブロー

食品業者がいちばん恐れるのは食中毒を発生させてしまうこと。場合によって行政措置もなされ、ボクシングにたとえれば一発で決まるKOパンチだ。一方、異物混入はボディブローのようなもの。気づいた時にはもう立ち直れない。

1 異物混入と苦情

> **Point** 混入苦情だけでなく、異物混入自体に目を向けましょう。
> ・「異物混入苦情」と「異物混入」との違いをしっかり理解
> ・異物混入＝顧客離れの「グッドマンの法則」

「異物混入苦情」と「異物混入」の件数の違い　　　図表1-12

　図表1-12は、国民生活センターで発行している『月刊国民生活』、2000年12月号の異物特集に掲載されたデータです。菓子類や穀類、調理食品などに異物混入苦情が多いことがわかります。

　異物混入に関するデータは行政や自治体なども折にふれ公表していますが、その多くは寄せられた苦情を集計したものです。パンや米、麺などは、地色が白っぽいものや淡い色のものが多く、異物の混入が目立ちやすいことなどが影響しているかもしれません。冷凍調理食品は、冷凍後に異物が製品表面に落下した場合などに、結果的に小さな異物まで含めて目につきやすいということがあるようです。

　苦情件数と混入件数は、イコールではありません。混入異物をみつけても苦情を申し出ない人がいることを考えれば、苦情件数より多くの異物混入が起きていると思われ、「異物混入苦情」と「異物混入」は区別して考える必要があります。「異物混入」自体の対策を適切に行わないままで苦情の処理や対応ばかりに目を向けていても、真の解決にはいたりません。

異物混入の真の怖さとは　　　図表1-13、図表1-14

　異物混入などで商品に不満をもった消費者が販売店やメーカーに苦情を申し出た場合、メーカーや店の対応により、その後の再購入率は大きく変わります。

　異物混入事例では、消費者により苦情の申告率が大きく異なります。苦情や不満を申し出ない消費者もたくさんいるだろうことは容易に想像できます。「グッドマンの法則」（図表1-13）によると、苦情を申し出ない消費者の再購入率は10％で、苦情の申し出後の対応に満足した消費者の再購入率82％とは大きな開きがあります。苦情が寄せられない結果、販売者やメーカーの知らないところで顧客がどんどん離れていっている可能性も考えられます。

　異物混入を経験したことのある販売者やメーカーの商品は、苦情を申し出ないまま二度と買わないという顧客がいることを肝に銘じる必要があります。「異物混入苦情」の陰には、「もう二度と買わない」と顧客に思わせてしまった「苦情申告されない異物混入」が存在しているのかもしれず、これこそが「異物混入苦情」と「異物混入」との違いなのです。異物混入の真の怖さはここにあります。

本来の異物混入対策
急がれる異物対策責任者の育成

図表1-15　異物混入対策フロー図

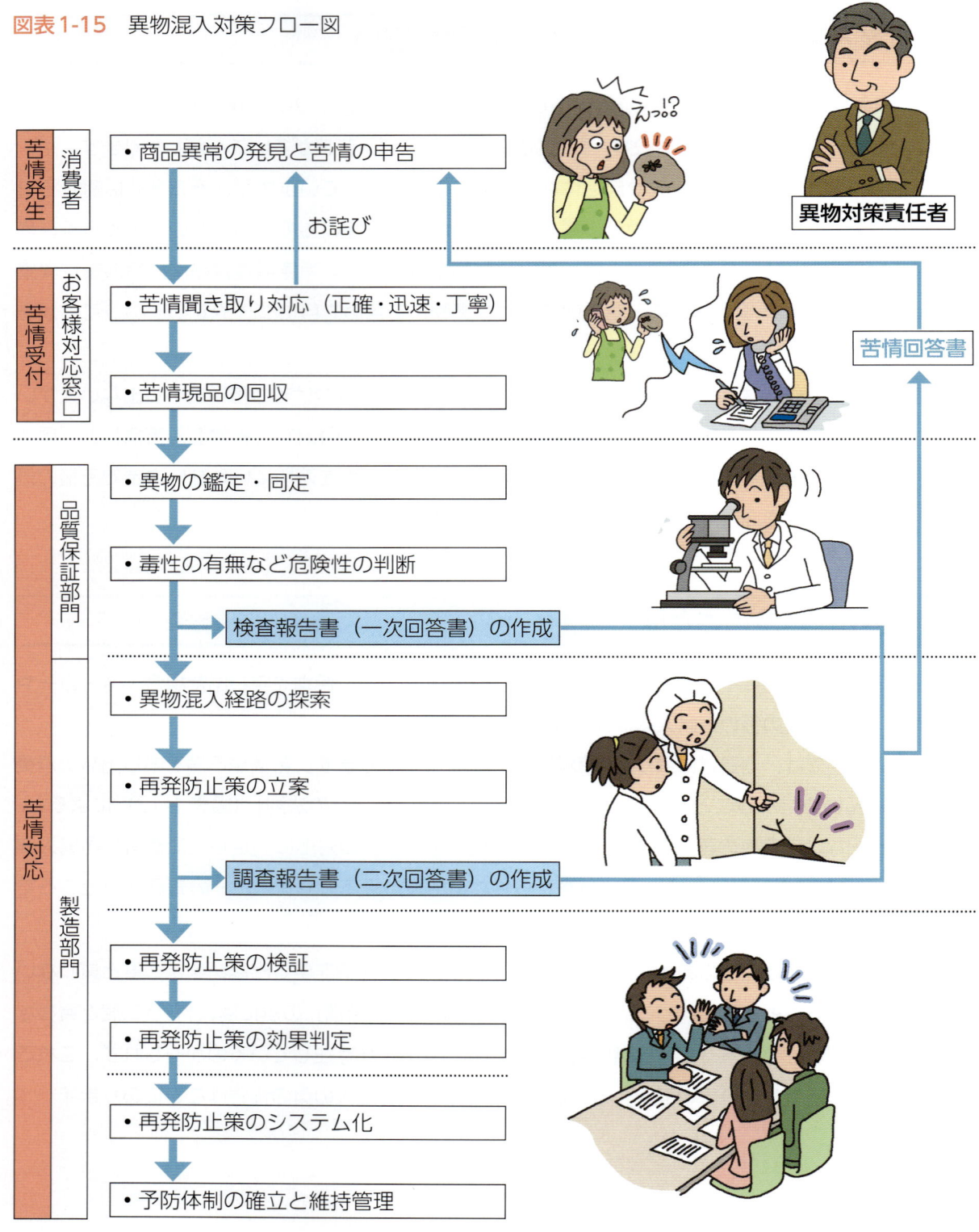

第3回異物対策マネージャー養成講座（2007.2.8）テキストより
※「異物対策マネージャー」はイカリ消毒(株)の登録商標です

1 異物混入と苦情

> **Point** 異物混入対策について考えましょう。
> ・異物混入の再発を防ぐPDCAサイクル
> ・異物混入対策自体を監視する責任者の養成

異物を混入させない仕組みづくり　　　図表1-15

　異物混入苦情から始まって再発防止策立案実施にいたるまでの一連の流れは、次のように整理することができます。

苦情発生⇨苦情受付⇨混入異物鑑定（同定）⇨一次報告⇨混入経路の探索⇨探索結果の検証⇨改善措置（再発防止策）の検討・立案⇨二次報告⇨効果判定⇨改善措置（再発防止策）の決定⇨改善措置（再発防止策）のシステム化⇨PDCA（Plan＝計画・Do＝実施・Check＝検証・Act＝見直し）サイクルの繰り返し

　構築した改善措置が組織内で無理なく運用されることをもって一旦改善は終了しますが、以降はPDCAサイクルを回すことにより、より効果的な仕組みをつくり上げていきます。

　しかし実際にはこうした一連の措置を講ずることなく、一次報告までで対策を終えている場合が多いのも事実です。一次報告までは異物混入対策ではなく顧客対応と考えてください。この流れでは、異物混入の発生するリスク自体は改善されません。したがって同様の混入事例を再び引き起こしてしまうことになります。

　異物混入事故の対応として繰り返される自主回収ですが、回収行為自体は顧客対応です。「対応」と「対策」とは違います。「対応」をいくら繰り返しても、原因をつきとめて再発を防止する「対策」を行わなければ解決にはいたりません。

　自主回収は、異物混入対策の根幹というべき再発防止策とは基本的に異なります。自主回収と同時に製造ラインや工程を見直し、混入経路を探索し、具体的な防止策を図っていく活動が伴わなければ、本来の異物混入対策とはいえません。

急がれる「異物対策責任者」の養成

　異物の専門家と称する人材が、実際には異物の鑑定や同定の専門家であるケースを多くみかけますが、このような場合、混入異物の鑑定同定に多大な時間を要し、肝心の再発防止策構築がおろそかになってしまっている現場も多いようです。

　異物の鑑定や同定の技術と、再発防止策のマネジメントとは、基本的に別のものになります。再発防止策構築の一連の流れをマネジメントする異物混入対策責任者の養成が必要です。このような人材は「異物対策マネージャー」などと呼ばれ、対策のプロとしての養成が急がれています。

1章図表出典：「食品衛生学雑誌第52巻第4号」p.211〜219　図1、図5、図7、図9、図10、表1、表2（日本食品衛生学会,2011）

食品工場で問題となる有害生物
有害生物の種類と昆虫類の分類

図表 2-1　有害生物の例

有害生物とは、衛生管理上望ましくないすべての動物・虫をいい、鳥・ネズミ・ハエおよびその幼虫を代表とする、さまざまな生き物のことです。

ハツカネズミ

チャバネゴキブリ

チョウバエ

図表 2-2　製造工場における有害生物

ほ乳類	齧歯目（ドブネズミ、クマネズミ、ハツカネズミなど） 翼手目（コウモリ類） 食肉目（イヌ、ネコ、イタチなど） 食虫目（トガリネズミなど）ほか
鳥　類	ハト目（ドバト、キジバトなど） 燕雀目（スズメ、カラス、ツバメなど） カモメ目（カモメ、アジサシなど）ほか
は虫類	有鱗目（ヤモリ、ヘビ類）ほか
両生類	無尾目（カエル類）、有尾目（イモリなど）ほか
昆虫類	双翅目（ハエ、カ類）を中心とした多くの昆虫類
その他	倍脚類（ダンゴムシ、ヤスデ類）、唇脚類（ムカデ類、ゲジ類）ほか 蛛形類（ダニ類、クモ類）ほか
その他、軟体動物であるナメクジ類、環形動物であるミミズなどの小動物	

図表 2-3　製造工場における昆虫類の生態的な分類と区分

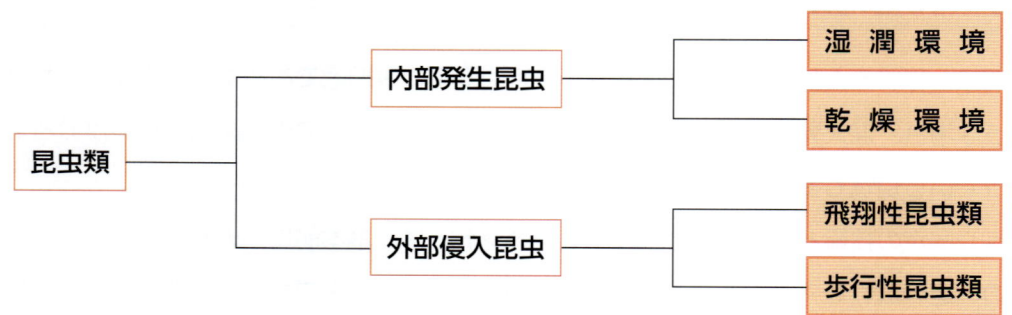

実際の製造現場では簡便で実用的な、昆虫の生態に注目したこのような分類を用います。
※「昆虫」と呼んでいますが、倍脚類や唇脚類など、一部昆虫でないものを含みます。

2 異物混入対策 ▶ 有害生物対策

Point 自分たちの工場で問題となる有害生物を知りましょう。
- 工場の立地によって変わる問題となる生物
- 発生した虫の生態や特徴に合わせた対策

有害生物とは

図表2-1、図表2-2

衛生管理上、望ましくない生物のことを「有害生物」といいます（図表2-1）。ふだん「害獣」「害虫」などと呼ばれているものです。欧米では、害虫（ネズミを含む）のことをペスト（Pest）、害虫駆除をペストコントロール（Pest Control）といいます。悪名高い感染症であるペストがネズミを媒介して感染することから、感染症を媒介する生物をペストと呼ぶようになりました。現在では意味が拡大され、不快害虫などを含む有害生物全体を「ペスト」と呼んでいます。

昆虫類を含む節足動物、鳥類、ネズミを含むほ乳類、は虫類や両生類など、これらの有害生物は、食品を製造する上で大きな問題となります。昆虫類を含む節足動物のなかでは特に、ゴキブリ、ハエ、クモ、ムカデ、ヤスデなどが問題になりがちです（図表2-2）。

製造工場の立地などによって生息している生物は変わるので、すべての工場でこれらの生物が問題になるとは限りません。工場の立地によって、対策すべき生物は変わります。海に近いようなところでは、カニやフナムシが問題になることもあります。

虫の分類

図表2-3

有害生物のなかでも、特に種類が多いのが虫のなかまです。

有害生物の種類や特徴をすべて把握できれば、対策を効果的に実施できることはいうまでもありません。しかし虫の種類はひじょうに多く、すべての生態や特徴を覚えることは難しいといえるでしょう。

そこで実際の製造現場では、発生した虫の生態や特徴に合った見当違いではない対策を講じられるよう、虫を次のようにして4つに分類しています（図表2-3）。

まず、虫を人工の建物内部で発生することのできる「内部発生昆虫」と、建物内では発生できない「外部侵入昆虫」の2つに分類します。

次に、「内部発生昆虫」を水や湿気の多いところで発生する「湿潤環境」と、粉やホコリの中など乾燥したところで発生する「乾燥環境」に分けます。

「外部侵入昆虫」については、飛んで工場に入ってくる「飛翔性昆虫」と、歩いて（這って）工場に入ってくる「歩行性昆虫」に分けます。

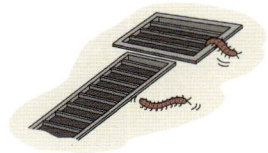

その虫が工場内で発生して繁殖を繰り返しているのか、外からどこかの経路を通って入ってきているのかを把握することが重要です。また、どんな環境下で繁殖するのか、どのように侵入してくるのかがわかれば、防除などの対策が立てやすくなります。

有害生物対策の難しさ
生き物相手の対策で考慮すべきこと

図表2-4 有害生物対策が難しい理由

有害生物は生き物である

生き物だから行動が予測しづらく、どんどん増えたり侵入してきたりすることもある。

有害生物は動き回る

生き物だから餌や隠れ処、繁殖場所を求めて、工場内をあちこち動き回る。

有害生物には個体差がある

同じ種類の生物でも個体によって個性があり、動きが異なることがある。

2 異物混入対策 ▶ 有害生物対策

Point 生き物だからこその対策の難しさを理解しておきましょう。
・有害生物ごとの生態や特徴を考慮
・長期的対応と緊急対応の併用

生き物だから動きの予測が困難

図表2-4

　有害生物対策が難しい大きな理由は、当然のことですが有害生物が生き物だからです。生き物なので行動が予測しづらく、内部発生昆虫であればどんどん増える可能性があります。侵入経路を放置すれば、アリなどのように次々入り込んでくることもあります。

　有害生物は、餌や隠れ処、繁殖場所を求めて、工場内を動き回ります。しかしその動きは有害生物の種類によって異なります。その生物が何を餌にして、どの時間帯によく動き、どのような動きをするのか、それらを考慮して対策を立てる必要があるのです。

種類だけでなく個体差も考慮

図表2-4

　有害生物対策をさらに難しくしているのが、同じ種類の生物がすべて同じように動くわけではないということです。同じ種類の生物でも、個体によって動きは違います。

　人間でも、変わった行動をしたり、味の好みが人によって違ったりするように、有害生物のなかにも変わった動きをしたり、味に好みがあったり、また我慢強い個体がいたり、臆病な個体がいたりします。そのため、通り一遍の対策では効果が出ない場合もあり、それが有害生物対策をより困難にしています。

長期的な計画と緊急対応の併用が必要

　有害生物対策をうまく行うためには、自社の工場にどのような有害生物がいて（または発生・侵入する可能性があって）、それらが、いつ、どのように動くのかを把握しておく必要があります。工場の立地や製造品目によって問題となる有害生物は変わり、どんな有害生物かによって、問題となる時期が変わります。

　しかし、動きや時期を把握したからといって、対策がうまくいくとは限りません。有害生物はその場その場で思いもかけない動きをします。ですから長期的な計画だけでなく、従事者が有害生物を見かけたり、問題になりそうな危険性を感じたりした時には、その場ですぐ対応することも求められます。

　生き物だからこそ、上記を念頭においた根絶のための長期的な対応と、発見時の防除といった緊急対応の両方が必要になるという点も、有害生物対策を難しくしている理由のひとつです。

内部発生昆虫（湿潤環境）の特徴
建物内の水や湿気の多いところで発生する昆虫

図表2-5　チョウバエ類の特徴

体　長	1～5mm
発生時期	5～10月（特に8～9月）
生　態	・成虫は湿度が高く暗い場所にみられ、昼間は物陰や壁面で休み、夜間活動する。夜間は灯火に集まる。 ・飛翔力が高くないため、低い位置の捕虫器でよく捕獲される。 ・壁などにとまるため、目につきやすい。
発生箇所	比較的汚れのひどい箇所で発生することが多い。排水溝の隅、機械の下、排水処理施設、清掃不十分なトイレなど。

図表2-6　ショウジョウバエ類の特徴

体　長	2～3mm
発生時期	冬を除き通年（屋内では一年中）
生　態	・においに引き寄せられる習性があり、醸造物を好む。発酵した野菜や果実のほか、酢、漬物、ビールなどの酒にもよく集まる。 ・小さいが飛翔力は高く、さまざまな場所に移動し、いろいろな食品に産卵する。 ・屋外にもふつうに生息している。屋内には灯火や発酵臭に誘引されて侵入する。
発生箇所	食品残さ、発酵した食品、腐敗植物およびこれらがたまりやすい場所。管理不十分なゴミ捨て場など。

> **Point** 「湿潤環境」昆虫の代表格・コバエ類の生態を知りましょう。
> ・汚泥など不潔なところで発生するチョウバエ類
> ・発酵臭に誘引されるショウジョウバエ類

「湿潤環境」で発生・繁殖する昆虫類

　ここから、食品工場において生息が多く、異物混入の原因となりやすい昆虫について紹介をします。まずは、内部発生昆虫のうち「湿潤環境」で発生する昆虫です。食品工場では水を使うことが多いため、「湿潤環境」に分類されるさまざまな昆虫類が発生しがちです。

　「湿潤環境」で発生する昆虫はいろいろいますが、その種類によって発生できる環境は微妙に異なります。対象昆虫の特徴を把握して発生源を見つけることができれば、より効果的な対策を立てることが可能になります。ここでは「湿潤環境」昆虫の代表格、コバエ類を取り上げます。

チョウバエ類について　　　　　　　　　　　　　　　　　　　　　　　　　　図表2-5

　チョウバエ類はひし形の翅（はね）が特徴です。工場内での発生が可能で、水のたまっている汚れたところで繁殖します。きれいな水では発生しづらいです。

　飛ぶ力が弱いので、発生場所近くの壁などにとまっていることが多く、人の目につきやすい昆虫です。幼虫は浄化槽、汚水槽、排水溝、下水道、畜舎などの汚泥内で育ちます。成虫は湿度が高く暗い場所でみられ、昼間は物陰や壁面で休んで夜間に活動します。夜間は灯火に集まる習性があります。

　卵の期間は約0.5日、幼虫の期間は1〜6日、さなぎの期間は4〜5日です。幼虫は3回脱皮し、4回目の脱皮でさなぎになります。羽化後の成虫の寿命は約2週間です。

　チョウバエ類を現場で見かけたら、近くに清掃不足で汚れた箇所がないか、すぐに確認しましょう。

ショウジョウバエ類について　　　　　　　　　　　　　　　　　　　　　　　図表2-6

　ショウジョウバエ類は遺伝の実験で知られ、理科や生物の授業でよく取り上げられている小型のハエです。腐敗した植物（野菜など）、発酵した液体（酒など）、熟れた果物、キノコ、ゴミなどによく集まります。

　小さいですが飛翔力に優れ、工場内をあちこち飛び回り、さまざまな食品に産卵します。屋外にもふつうに生息し、工場外からも飛来します。においのほか、灯火にも引き寄せられます。

　卵から成虫になるまでの期間は約10日です。成虫の寿命は約2か月で、メスは1日に約50個の産卵が可能なため、爆発的に増える危険があります。

　発酵物を好むという生態から、果汁、パン、乳製品などを扱う工場や、酒、醤油、味噌などの醸造工場で問題になることが多く、これらの現場では特に注意が必要です。

内部発生昆虫（湿潤環境・食菌性）の特徴
カビを食べて繁殖する昆虫

図表2-7 チャタテムシ類の特徴

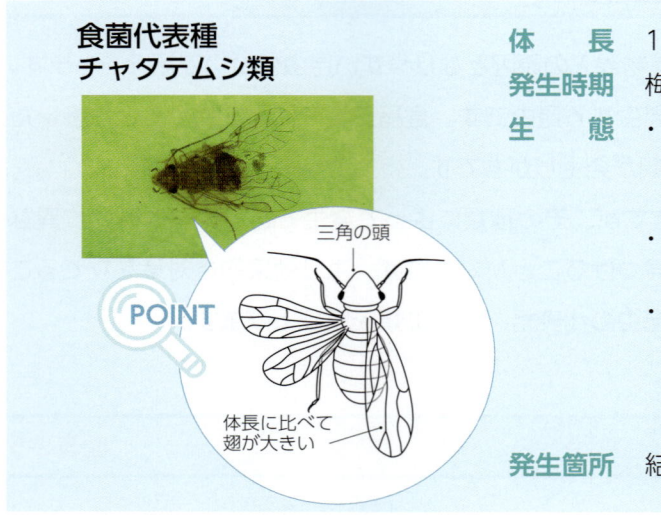

食菌代表種 チャタテムシ類

体　長	1～3mm
発生時期	梅雨時から夏に多い
生　態	・微小な昆虫で、世界に広く分布。湿度の高い環境を好み、屋外では木や岩石の表面の藻類や菌類を食べて生活している。 ・翅のないタイプ（無翅）や、一部、穀類などを食べる種類もいる。 ・特にカビ類を好んで食べる。ホコリなどに含まれるカビ胞子などを食べるものも存在し、比較的清潔な環境でも発生することがある。
発生箇所	結露しやすい場所、カビが生じた場所など。

POINT：三角の頭／体長に比べて翅が大きい

図表2-8 工場内にはえたカビの例

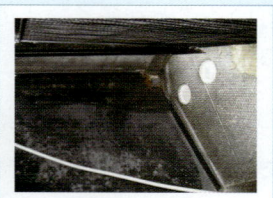

パッケージエアコン内部の、目に見えないところで増えてしまったカビ

天井付近の、目につきづらいところで増えてしまったカビ

⚠ 目につきづらい場所のカビに注意し、食菌性の昆虫の大発生を招かないようにしましょう。

図表2-9 そのほかの食菌性の昆虫類の特徴

ヒメマキムシ類

体　長	1～2mm
発生時期	晩春から初夏に最も多い
生　態	幼虫、成虫ともに食菌性。屋内ではカビの生じた乾燥食品や、壁内部の断熱材などで発見されることが多い。

ハネカクシ類

体　長	3mm前後
発生時期	3～11月
生　態	一般には野外性の昆虫だが、種類によって肉食、植物食、菌食など食性は多様。工場内では食品残さやカビが生えた場所などから発生する。

※昆虫の「体長」は製造場内でよく捕虫されるものの大きさを目安としています。

> **Point** カビを食べて増える「食菌性」昆虫の特徴を知りましょう。
> ・「食菌性」昆虫の対策はかなり困難
> ・カビの防除で「食菌性」昆虫対策

カビを食べて発生・繁殖する昆虫類

「湿潤環境」に分類される昆虫のなかには、カビを食べて繁殖する「食菌性」と呼ばれる種類のものがいます。近年、冷暖房設備が普及し、さらに室内の気密性が向上したため、屋内に結露やカビが発生しやすくなりました。それに伴い、チャタテムシなどカビに由来する虫の発生が増えつつあります。ここでは「湿潤環境」昆虫のうち「食菌性」のものの紹介をします。

このあと紹介する昆虫類のなかには、「貯穀害虫」といって穀物や穀物由来の粉を食べて繁殖する昆虫もいます。生息環境のほかに餌にも着目すると、対策を立てる際に役立ちます。

チャタテムシ類について

図表2-7、図表2-8

壁の中、空調機内、空調ダクト内など、ふだん簡単に点検できない箇所がチャタテムシの発生源となることが多いようです。空調機は定期的に点検、清掃を行い、カビの発生を防ぐようにします。そして温湿度のコントロールにより、カビの生えにくい環境を維持することがたいせつです。

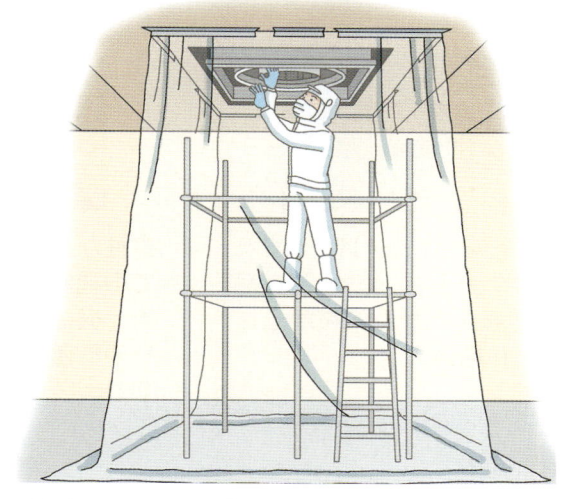

空調機内の清掃は、ダクト内も含め隅々まで行う必要があるので、通常、専門業者に依頼します。場内にホコリなどが舞わないよう、養生をしっかり行います。

そのほかの食菌性の昆虫類について

図表2-9

カビを食べて繁殖する食菌性の昆虫は、チャタテムシ類のほかにヒメマキムシ類、ハネカクシ類などの甲虫類がいます。

ヒメマキムシ類は、冷蔵庫の裏や空調設備の周辺、結露が生じやすい場所の木質部などが発生源になります。食品工場などでは、木製のパレットが発生源となって屋内で繁殖することがあります。

ハネカクシ類は、小さな前翅の下に後翅が折りたたんであり、一見ハサミムシのような形をしています。ヒゲブトハネカクシ類などの微小種が、カビや腐った有機物がたまった汚泥などから発生します。

内部発生昆虫(乾燥環境)の特徴
穀物や粉、ホコリに発生する昆虫

図表2-10 代表的な貯穀害虫

メイガ類 ノシメマダラメイガ

小麦や穀類をはじめ、さまざまな食品を加害。幼虫は穿孔力があり、包装を食い破って侵入することもある。

コクゾウムシ類 コクゾウムシ

ゾウの鼻のような長い口が特徴で、米、麦、トウモロコシなどを食害。日本国内では貯蔵米の害虫として有名。

コクヌストモドキ類 コクヌストモドキ

小麦粉などの穀粉や、パン、ビスケットなどの加工食品を食害するが、穀粒からは発生しない。

シバンムシ類 タバコシバンムシ

食性が広く、ほとんどすべての植物性の乾燥食品を加害。機械のすき間の粉だまりや貯蔵倉庫などから発生する。

ホソヒラタムシ類 ノコギリヒラタムシ

小麦粉などの穀粉や、菓子類、乾燥果実などを食害。狭い空間を好み、小型で平らな体でわずかなすき間に入り込む。

図表2-11 代表的な貯穀害虫の発育日数と加害の形態

貯穀害虫	発育日数	一次性	二次性
ノシメマダラメイガ	30	○	
コクゾウムシ	35	○	
コクヌストモドキ	31		○
タバコシバンムシ	46		○
ノコギリヒラタムシ	27		○

※発育日数:最適な温度・湿度条件下においての卵から羽化までの日数
※加害の形態:一次性害虫=穀物の内部を食害　二次性害虫=穀物の外部や粉体を食害

Point 乾燥した環境で発生する昆虫の特徴を知りましょう。

・自分の工場に発生する可能性のある虫を把握
・しっかりした清掃と環境コントロールの必要性

貯穀害虫について

図表2-10

生き物は水のないところは苦手という印象がありますが、乾燥した環境を好む虫もいます。それが「乾燥環境」に分類される虫です。

「乾燥環境」に分類される昆虫の代表が「貯穀昆虫」です。穀物や、その粉に発生します。そのため、穀物を扱う精米工場や穀物倉庫、粉を扱う食品工場などで問題になります。特に、小麦粉を使用するパン工場や菓子工場、製麺工場、製造中に粉が発生しやすい製茶場、抹茶工場などでは注意が必要です。これらの工場では粉がたまらないように気をつけたり、定期的に粉を清掃で除去することが重要になります。

貯穀害虫には、ノシメマダラメイガなど世界的な食品害虫も多く、食品を扱う人たちを世界中で悩ませています。害虫の種類によって好む穀類は異なるので、工場によって問題になる害虫は違ってきます。自分の工場で発生する害虫を知り、たとえば成虫までの発育日数にあわせた清掃頻度を決めるなど、その生態に合った対策を立てることがたいせつです。

貯穀害虫による食害の特徴

図表2-11

貯穀害虫は、穀物の加害の仕方により大きく2つに分けられます（図表2-11）。かたい穀類をかじり、穿孔することができる「一次性害虫」と、粉状になった穀類しか加害できない「二次性害虫」です。二次性害虫は一次性害虫が加害した際に発生する穀粉を餌にするため、精米工場では一次性害虫と二次性害虫の種が混在する様子がみられます。

防除面で重要な特徴として、一次性害虫はかじる力が強いため、種類によっては製品の包装材等を食い破って侵入することがあります。一次性害虫が発生した場合の対策として、包材やシール方法の見直し、保管場所の清掃などが必要です。

外部侵入昆虫の特徴
工場の外から入ってくる虫

図表2-12 飛翔性昆虫の例

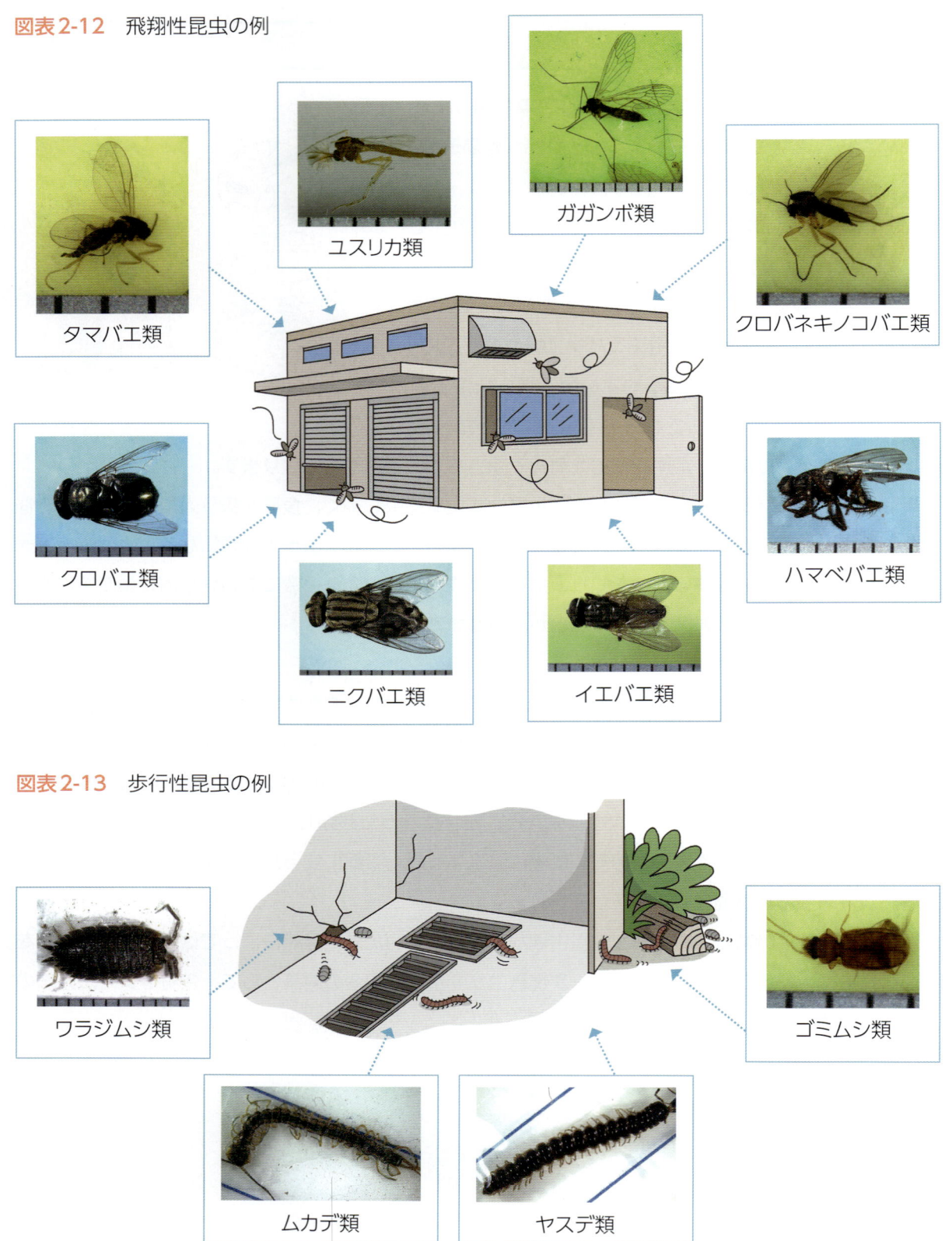

図表2-13 歩行性昆虫の例

2 異物混入対策 ▶ 有害生物対策

> **Point** 工場の外から侵入してくる虫の特徴を知りましょう。
> ・侵入の仕方に注目して対策
> ・侵入されないためのいろいろな工夫

外部侵入昆虫について

　工場の外から何らかの理由で入り込む昆虫を「外部侵入昆虫」といいます。工場の外にいる虫は、風に乗ったり、においや光に誘われたり、雨をよけたり、迷ったりして、工場に入り込み、異物混入の原因となることがあります。

　どのような昆虫が、どんな方法で、どの経路を通って侵入するのかを知っておけば、侵入は防ぎやすくなります。ここでは、侵入の仕方の違いから、「外部侵入昆虫」を「飛翔性」と「歩行性」に分けてみてみましょう。

飛翔性昆虫について　　　　　　　　　　　　　　　　　　　　　　　図表2-12

　空中を飛んで工場内に侵入してくる昆虫を「飛翔性昆虫」といいます。代表的なものにタマバエ類、ユスリカ類、ガガンボ類、クロバネキノコバエ類などがあげられます。

　これらの昆虫は、工場の外の樹木や排水溝、草地などに生息しています。飛翔力はそれほど強くないので、工場の近くで発生している場合に侵入が問題になります。風の強い時には工場に向かって吹く風に乗って侵入することもあります。

　一方、クロバエ類、ニクバエ類、イエバエ類、ハマベバエ類などの大型のハエは、比較的飛翔力が強いので、これらの昆虫好みのにおいや光が工場からもれていると、遠くからでも誘われて飛んできます。これらの昆虫を引き寄せてしまうにおいや光を建物からもらさないようにする工夫が必要です。養豚場や養鶏場、海岸などの近くに工場があると、これらの昆虫が問題になりやすいです。

歩行性昆虫について　　　　　　　　　　　　　　　　　　　　　　　図表2-13

　地面を這って侵入してくる虫を「歩行性昆虫」といいます。ワラジムシ類、ムカデ類、ヤスデ類、ゴミムシ類などがあげられます。

　これらの虫は歩いて工場に侵入してくるので、工場の近くに生息していると侵入の心配が出てきます。特に落ち葉がたまっているところ、土のあるところ、植栽の陰になっているところなどに集まりやすいので注意が必要です。このような環境が工場の建物近くにある場合、落ち葉を放置しないなど、虫が集まりにくくする工夫が必要になります。また、雨が降ると水を避けるために工場内への侵入が増えることもあるので気をつけましょう。

ゴキブリ（外部侵入昆虫）の特徴
混入での衝撃が絶大な昆虫の代表種

図表 2-14　いろいろなゴキブリ

種類	クロゴキブリ	ワモンゴキブリ	チャバネゴキブリ
体長	30mm 内外	35mm 内外	15mm 内外
生活	幼虫、卵で越冬が可能なため、他の2種に比べ低温に強い。屋外にも生息する	アフリカ原産の大型の熱帯種。一定の熱源がないところには定着できない	低温に弱く屋外で越冬できない。殺虫剤に抵抗性をもつ個体がある
生息場所	木造家屋、食品工場の排水溝内、旅館など湿度の高い場所を好む。日本全国に分布するが、南に行くほど多い	四国、九州の南岸地域に定着していたが、近年ビルや食品工場の下水道、排水溝内などで都市圏を中心に生息域が拡大	日本全国のレストランなどの厨房、新幹線、食品工場など常に暖かい場所に多い
卵期間	31～47日	27～42日	20～25日
幼虫期間	110～350日	100～450日	30～70日
脱皮回数	8～10回	9回	5～6回
成虫寿命	190～210日	124～180日	90～220日
産卵回数	15～20回	15～41回	4～40回
卵数（卵鞘中）	22～28粒	14～19粒	18～50粒
単為生殖	する	する	しない

※写真は原寸大　©富岡康浩

図表 2-15　ゴキブリ類の幼虫

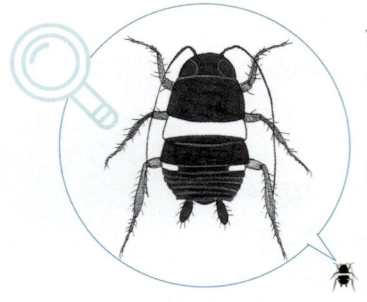

クロゴキブリ
- 白色の帯と一対の白斑
- 触覚の根本と先端は白色

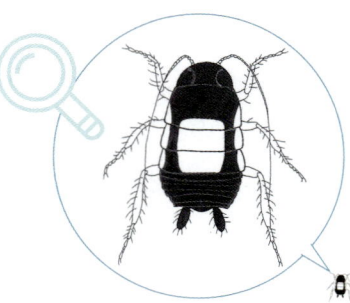

チャバネゴキブリ
- 四角形あるいは短冊状で白から黄白色の紋
- 脚は白っぽい

> **Point** ゴキブリの生息場所と対策を知りましょう。
> ・種類によって異なるゴキブリの特徴
> ・工場内だけでなく工場外にも着目して対策

いろいろなゴキブリ

図表2-14

「歩行性昆虫」のなかでも、苦情が寄せられて大きな問題となるのがゴキブリ類です。ゴキブリは印象が悪く、多くの人に嫌われているため、食品への混入を避けたい代表的な昆虫類です。

衛生上問題となるゴキブリには、クロゴキブリやワモンゴキブリと、もともとは亜熱帯地方で生息していたチャバネゴキブリがいます。それぞれ特徴が異なります。

クロゴキブリは、屋外にも生息していますが、屋内で繁殖することもできます。壁や床面に亀裂やすき間があると、その中で繁殖してしまいます。また、排水管が破損していると、そのようなところでも繁殖して工場内に入ってきます。ワモンゴキブリは、工場建屋内よりも排水管内や排水処理施設内に生息していることが多いようです。

チャバネゴキブリはもともと亜熱帯のゴキブリであるため、工場内の暖かいところに生息しています。特に、冷蔵庫のモーター部、コンロの中、加熱殺菌する機械の周辺、分電盤の中などを生息場所にします。

ゴキブリ類の幼虫

図表2-15

図表2-15はゴキブリ類の幼虫（若齢幼虫）です。ひじょうに小さく、ゴマ粒から米粒くらいの大きさです。見たことがないと、ゴキブリだと気づけない人も多いようです。

ゴキブリ類の幼虫はとても小さいので、それほど遠くまで移動することができません。工場でゴキブリ類の幼虫を見かけたら、工場内でゴキブリが発生・繁殖している可能性を考え、早急に対策を講じなければなりません。

ゴキブリ類への対策

ゴキブリ類が工場内で多く捕獲されていたり、幼虫を見かけたりした場合は、工場内での発生を疑い対策していく必要があります。ここで注意が必要なのは、発生源が工場内だけとは限らないということです。工場内で多く捕獲されている場合は確かに内部で繁殖しています。しかし、工場外部の排水処理施設、グリストラップ、ゴミ庫や隣接している施設が発生源の場合もあります。その場合、工場内でいくら対策しても、しばらくするとまた工場内に侵入してきます。屋外に発生源がある可能性も必ず考慮し、必要に応じて対策していかなければなりません。

有害生物・ネズミの特徴
ネズミが起こす問題とその対応

図表 2-16　衛生上問題となるネズミとその糞

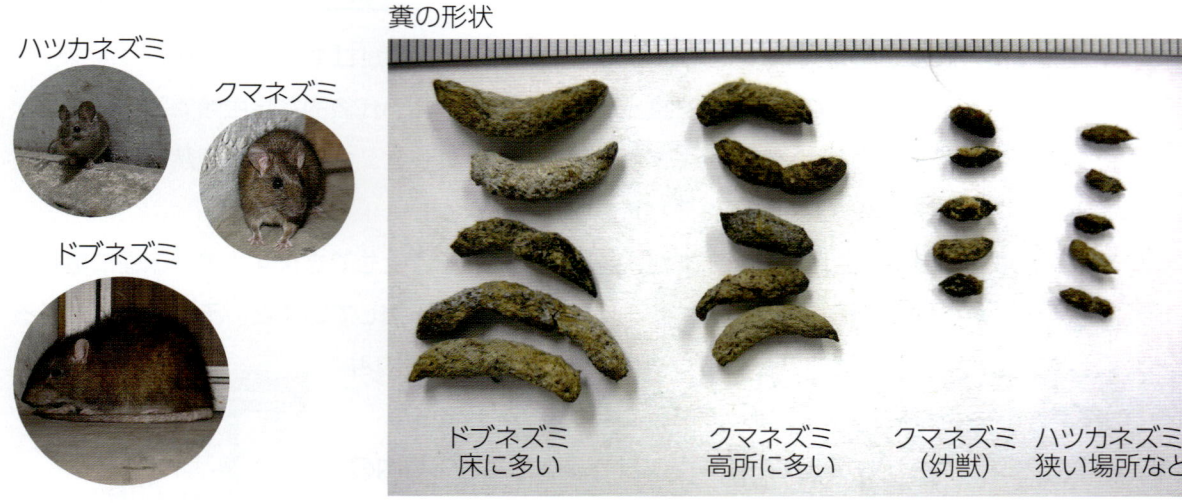

図表 2-17　衛生上問題となるネズミ 3 種の比較表

学　名	*Rattus norvegicus*	*Rattus rattus*	*Mus musculus*
和　名	ドブネズミ	クマネズミ	ハツカネズミ
体　長	20〜26cm	15〜23cm	6〜9cm
成獣体重	約400g	約200g	約20g
尾の長さ	体長よりも短い	体長よりも長い	体長よりもやや短い
活動場所	屋外と屋内交互に活動（半屋外型）	建物内を中心に生息（屋内型）	屋外と屋内交互に活動（半屋外型）
性　質	貪欲で狂暴	用心深く慎重	おとなしい
一般行動	泳ぐのが得意である（平面的）	敏捷で上下運動が得意である（垂直型）	敏捷で狭い場所に潜り込む（潜行性）
摂食量	1日に体重の1/3〜1/4量を摂取する	1日に体重の1/3〜1/4量を摂取する	1日に体重の1/3〜1/4量を摂取する
行動圏	ほとんど床や床下を行動圏とし、高いところへあまり上らない	ほとんど屋根裏や天井近くを行動圏とし、床にはあまり下りない	1階の入口や倉庫の周辺などを行動圏とし、屋内をあまり動かない
移　動	ほとんど床を移動する	細いコードやパイプを移動手段としてよく利用する	ほとんど床を移動する。狭い空間伝いに移動する
薬剤抵抗性	殺そ剤に対する抵抗性は低く、薬剤には弱い	殺そ剤に対する警戒心が極めて強く、高い薬剤抵抗性をもつ個体もいる	薬剤はやや効きにくい個体がいる
寿　命	約3年	約3年	約1.5年
産仔数	平均約9頭	平均約6頭	平均約6頭
乳頭の数	12個	10個	8個
食　性	雑食性だがどちらかといえば動物性を好む	雑食性だがどちらかといえば種子・穀物類を好む	雑食性だがどちらかといえば種子・穀物類を好む

2 異物混入対策 ▶ 有害生物対策

> **Point** ネズミの生態と特徴を知りましょう。
> ・ネズミが引き起こす問題をきちんと理解
> ・問題となるネズミの特徴とその対応を把握

ネズミが引き起こす問題

ネズミは、ヒトにも動物にも発症する人畜共通感染症の原因菌を運ぶ媒介者となる可能性があります。かつて、サルモネラ菌が含まれたネズミの尿が製品に混入したことで食中毒が発生した事例もあります。ネズミ自体やその毛および糞が混入して苦情につながるケースもありますが、尿となると目視では確認できないだけに、より注意が必要になります。

食品工場で問題となるネズミ　　　　　　図表2-16、図表2-17

食品工場で問題となるのは、おもに次の3種のネズミです。

● **ドブネズミ**

食品工場においてはその名の通り排水溝から侵入し、床下に穴を掘るなどして広がります。床や排水溝が傷んでいる古い工場で問題となることが多い傾向があります。低温に強いため、冷凍庫内の保管食品を食害することもあります。人を恐れない獰猛な性格の反面、毒餌やトラップへの警戒心が弱く、クマネズミに比べ駆除しやすいといえます。

● **クマネズミ**

食品工場で最も重要視すべきネズミです。垂直方向への移動能力が高いため、壁の中、天井裏、パイプなどを伝って工場内を自由に移動します。また警戒心が強いため、トラップや毒餌に近づきにくく、駆除が難しいのが特徴です。いったん工場に侵入すると、短期間で増加します。早期発見、早期駆除が重要です。

● **ハツカネズミ**

夏場は屋外の畑地などに棲み、秋冬に屋内に侵入します。食品工場では倉庫などで問題となることが多い種です。行動はあまり活発ではなく、警戒心が弱いため、比較的駆除しやすい種です。

ネズミは繁殖力がひじょうに高いため、一度増えてしまうと数を減らすことが著しく困難です。もし工場内でネズミやその糞を見かけたら、まずは工場内で繁殖している可能性があるかないかをしっかり見極めましょう。

工場内での繁殖の有無を見極めるポイントのひとつは、設置したトラップなどに幼獣が捕まっているかどうかです。ネズミの幼獣が1匹でも見つかったなら、緊急事態と認識して急いで対応を行う必要があります。

有害生物・鳥（ハト類、カラス類）の特徴
鳥類が起こす問題とその対応

図表 2-18　問題を起こす鳥（ハト類、カラス類）の特徴

ハト類

©イカリ消毒㈱技術研究所所長 谷川力

- 外敵から身を守るため、群れて生活する
- 繁殖は一夫一婦制。年間を通じて繁殖する
- 寿命は平均3～5年（飼育下では10年）
- 餌場や遊び場を群れで移動する
- 生後半年から繁殖期に入る
- 樹上などに小枝を組み合わせた巣をつくる
- 年間7～8回産卵する場合がある
- 1回の産卵数は2個
- 人をあまり恐れない

カラス類

©イカリ消毒㈱技術研究所所長 谷川力

- 都市部での繁殖が著しい
- 繁殖は一夫一婦制。繁殖期は3～7月頃
- 寿命は平均10～20年
- 繁殖期にはなわばりをもつ
- 繁殖期を終えると大集団のねぐらをつくる
- 産卵時には木の幹などに雑な巣をつくる
- 1回の産卵数は3～6個
- 好奇心旺盛で学習能力が高い
- 貯食性（餌を隠すこと）がある

図表 2-19　鳥類が起こす問題の例

- **汚物被害**
  → 糞や羽毛のまき散らし
- 感染症や食中毒菌の媒介
- アレルギー原因物質の媒介
- 原料や製品等の汚損
- 糞や羽毛からの害虫の発生　など

- **物理的被害**
  → つつく、むしる（食害やいたずら）
- 火災や失火の原因
- 原料や製品等への直接的被害
  （つつく、むしる、食べる）
- 輸送や送電の障害
- つついた穴からの漏水　など

- **業務の妨害**
  → 飛び回る、邪魔をする（威嚇やいたずら）
- 人への物理的、精神的な圧力　など

図表 2-20　鳥類対策のための設備の例

自動開閉式高速シートシャッター

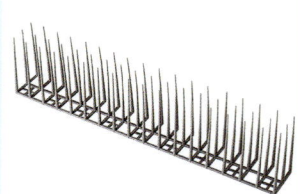

ハトがとまる場所に設置する忌避器具

2 異物混入対策 ▶ 有害生物対策

> **Point** 鳥類の生態と特徴を知りましょう。
> ・鳥類ならではの特徴を理解してきちんと対応
> ・鳥獣保護管理法があるので勝手な駆除はNG

鳥類が引き起こす問題　　　　図表2-18、図表2-19

　鳥もまた、有害生物になり得ます。

　鳥は糞や羽毛をまき散らします。原料や製品の倉庫を開けっ放しにしていたり、屋外のトラック荷物の積み下ろし場に屋根があったりすると、天井の鉄骨部分に巣をつくることもあります。当初はハトやカラスがいなかったところに工場ができると、いつの間にか集まり始めることもあります。ハトなどの鳥が集まっていると、その鳥をねらってカラスなどが集まりますので、どんな鳥でも、見つけたら早めに防除することがたいせつです。

　鳥は、感染症や食中毒、アレルギー原因物質などを媒介します。また、鳥がした糞などの排せつ物や羽毛がたまると、そこにダニなどの虫が発生してしまいます。原料や製品の上に糞が落ちたり、羽毛が付着したり、食品に混入したりすれば、当然、苦情の原因にもなってしまいます。

鳥類への対応　　　　図表2-20

　食品工場で特に問題となる鳥は、ハトとカラスです。ただし、工場の立地によってはスズメ、ムクドリ、カモメなどが問題になることもあります。

　倉庫に侵入した鳥の糞などによる保管食品の汚染に対しては、倉庫への侵入防止策が必要です。一般に、出入口に自動開閉式のシートシャッターを取りつける、ネットをはるなどの対策がとられます。屋外で一時置きされた食品が糞で汚染されるような場合は、屋根などに鳥がとまることを防ぐための器具類が販売されています。

　鳥の個体数が多く、これらの対策に限界がある場合には捕獲により減数します。捕獲にあたっては、都道府県知事による、有害鳥獣としての駆除の許可を受けなければなりません。許可を受けずに捕獲し、ほかの場所に移動するだけでも違法になります。捕獲の際には専門の業者に相談するようにしましょう。

有害生物への対策
有害生物対策の基本

図表2-21　有害生物防除システムの考え方

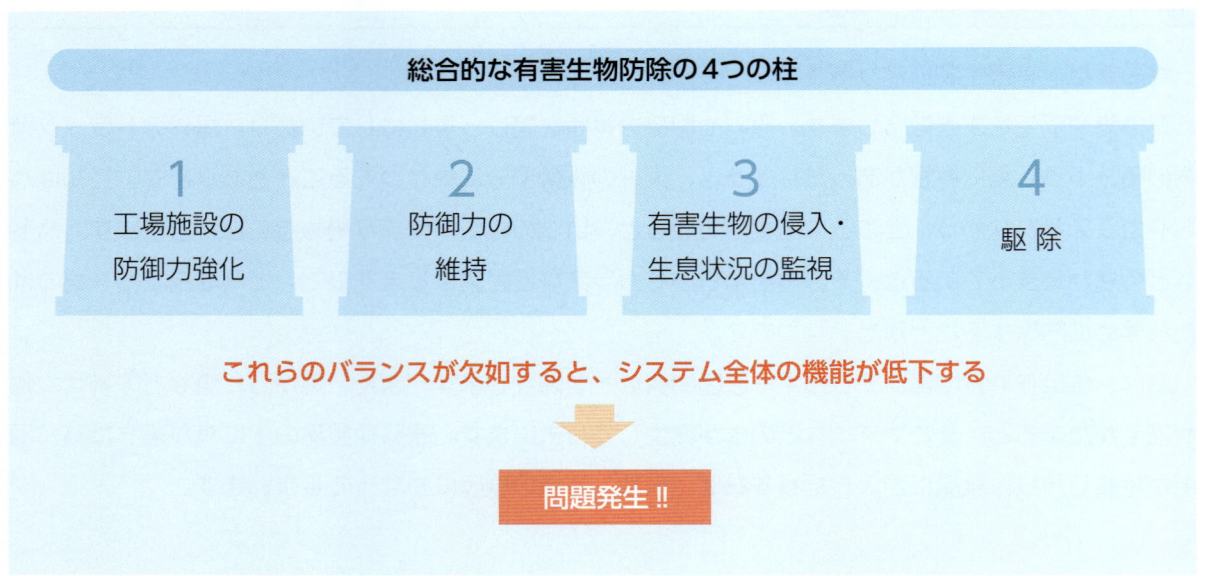

図表2-22　有害生物に対する防御力

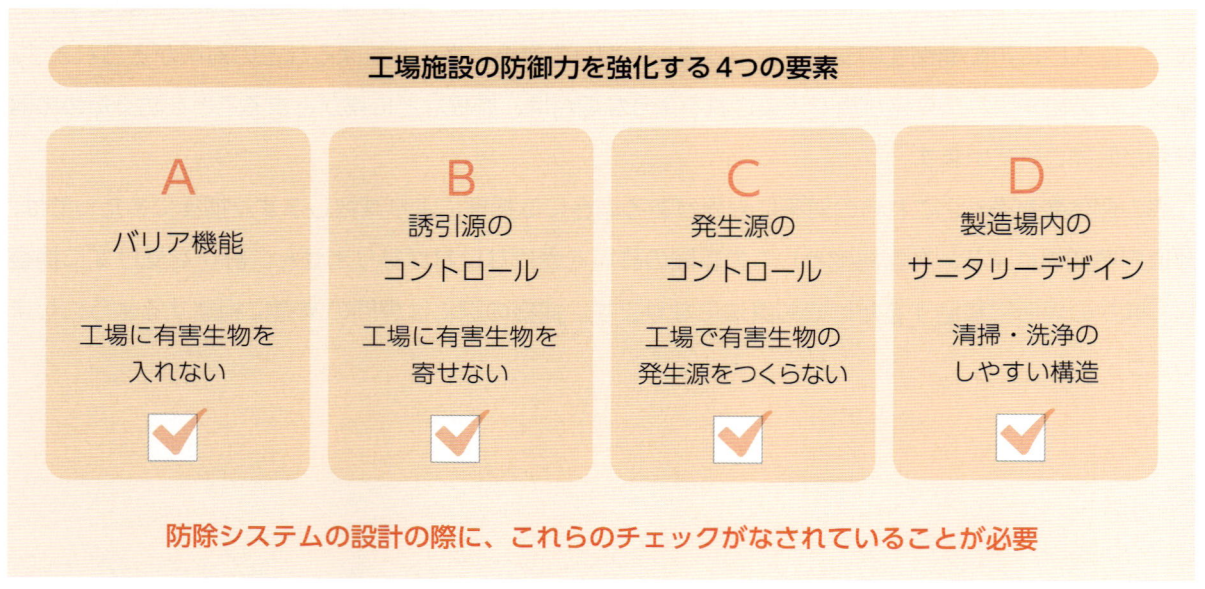

> **Point** 有害生物対策の基本を知りましょう。
> ・有害生物防除の4つの柱
> ・工場施設の防御力を強化する4つの要素

有害生物対策の基礎

有害生物対策を実施するためには、まずその基礎を知っておく必要があります。有害生物は生き物ですから、工場内で生息していくためには「棲むところ」「餌」「快適な温度と湿度」を必要とします。つまりこれらをなくせば、有害生物は工場内で生息することができなくなります。

そのためには、設備・構造を有害生物が生息しにくい状態にし、その状態を維持することが必要です。それでも有害生物が侵入・繁殖してしまった場合には、駆除などの対策をとります。対策を講じたあとには、その対策が有効であるかどうかをさまざまな方法で評価します。

このような活動は、有害生物の種類のみならず、工場の立地などいろいろな条件で異なってくるため、やみくもに実施しても見当違いの対策になってしまいます。たとえば、工場外から昆虫が侵入してきているのに工場内の清掃に精を出しても、根本的な解決にはなりません。有害生物対策は、計画と見通しをもって行い、その対策が有効かどうかをきちんと見極める必要があるのです。

有害生物防除システムと工場の防御力　　図表2-21、図表2-22

有害生物対策としてしなければならないことは、次の4つになります。

1. 工場施設の防御力強化　2. 防御力の維持
3. 有害生物の侵入・生息状況の監視（モニタリング）　4. 駆除

そして、有害生物に対する工場施設の防御力は、大きく分けて4つあります。

A. バリア機能（物理的防御力）＝工場に有害生物を入れない

有害生物から工場を守る基本は、工場への侵入を物理的に防ぐ構造です。単独ではなく、複数のバリア機能を組み合わせて侵入を防ぐ必要があります。

B. 誘引源のコントロール＝工場に有害生物を寄せない

有害生物が工場内に誘引されるおもな要因である光、におい、熱を工場外にもらさない、もれやすい箇所を密閉するなどの対策を施し、有害生物を引き寄せないようにします。

C. 発生源のコントロール＝工場で有害生物の発生源をつくらない

工場内はもちろん、工場外も、敷地内すべてで有害生物の定着を防ぐことがたいせつです。

D. 製造場内のサニタリーデザイン＝清掃・洗浄のしやすい構造

サニタリーデザインとは清掃・洗浄しやすい構造のことです。工場内を清潔に保つために、清掃しやすく有害生物が生息しにくい構造を意識して、あらかじめ工場を設計・施工します。

以上を実施することで、有害生物対策を行います。次のページから、順に詳しくみていきましょう。

有害生物に対する防御力の強化①
A　バリア機能（有害生物を入れない）

図表2-23　バリア機能向上のためのチェックポイント

1) 出入口前室の構造およびその管理状況
2) 建物の密閉性
3) 内部天井・壁面のすき間
4) 排水溝の防そ防虫構造
5) 吸排気のバランス
6) そのほか扉の構造、人・ものの動線、捕虫器、窓、換気扇パイプ貫通孔、空調システムなど

図表2-24　有害生物の侵入を防ぐ設備の例

防虫用ビニールカーテン

穴ふさぎ用防そブラシ

シャッター下部すき間対策用防虫ブラシ

図表2-25　網目（メッシュ）と通過昆虫数に関する実験結果

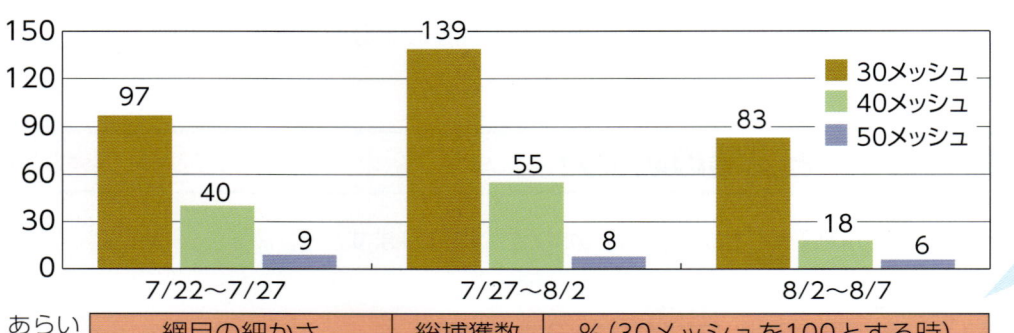

網目の細かさ	総捕獲数	％（30メッシュを100とする時）
30メッシュ	319	100.0
40メッシュ	113	35.4
50メッシュ	23	7.2

あらい ←→ 細かい

30メッシュでは目視でも確認できるほど捕獲されており
40メッシュでは30メッシュに比べ少ないが目視での確認可能な大きさが多く
50メッシュでは目視での同定は困難なほど小さかった
※通過昆虫数＝それぞれのメッシュを通過して場内に入場してきた昆虫のうち、同条件下で捕虫器に捕獲された頭数

イカリ消毒社内実験結果（2003年）による

図表2-26　ネズミの侵入

10円玉程度の穴さえあれば侵入が可能

図表2-27　排水管のチェックポイント

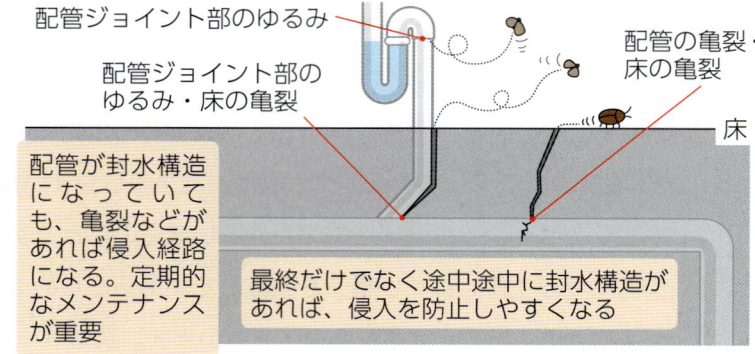

配管ジョイント部のゆるみ
配管ジョイント部のゆるみ・床の亀裂
配管の亀裂・床の亀裂
床

配管が封水構造になっていても、亀裂などがあれば侵入経路になる。定期的なメンテナンスが重要

最終だけでなく途中途中に封水構造があれば、侵入を防止しやすくなる

2 異物混入対策 ▶ 有害生物対策

> **Point** 工場に有害生物を入れない対策を考えましょう。
> ・ともかくすき間をあけないことが第一
> ・排水管のこまめなメンテナンスの重要性

人やものの出入口の防御   図表2-23

　工場内に有害生物を入れない「バリア機能」において、最も対策が必要となる侵入経路は人やものの出入口です。出入口のバリア機能は、次の4点で向上させます。
①扉を開く時間と面積を極力小さくする　②扉の密閉度を高める（1mm以上のすき間がないように）
③製造室までに複数の扉を設ける（前室構造）　④前室に防除設備を設ける
　③と④は、①②の機能を補う役割です。たとえば面積が大きく開閉に時間がかかる扉の場合、製造室までの前室を増やす（③）、前室に捕虫器を設置する（④）などを行います。
　出入口を利用する作業従事者がこれらの機能を理解する必要があります。正しい入場ルート、開放厳禁、扉は必ずしっかり閉めるなどの徹底が必要です。工場へ出入りする外部の業者にもこれらを伝達します。また、休日に出入口を開放して作業を行うなどの行為は厳禁です。

すき間、換気扇、窓の防御   図表2-24、図表2-25、図表2-26

　昆虫類はひじょうに小さいため、侵入経路は多岐にわたります。1mm程度のすき間からも侵入してくるので、壁などのすき間、換気扇、パイプの貫通孔などにも注意が必要です。
　窓や換気扇など完全に閉め切ることが難しい箇所には網などを設置します。網の目は細かくするほど虫の侵入を防げますが、一方で空気の入る量が減ってしまうというデメリットがあります。工場の空調バランスは飛翔性昆虫の防除上重要です。陽圧状態（強制的に吸気し、空気が外部に流れ出る状態）とすることで、飛翔力が弱く微細な飛翔性昆虫の侵入を防ぐことができます。陽圧化が困難な場合でも、出入口から外気が勢いよく場内に流入するような状態（極端な陰圧状態）は避けるべきです。
　ネズミは、小さな穴でもかじって大きくして侵入してきますので、工場内の穴の有無には常に注意します。発見した穴の周囲が黒く汚れていたら、侵入経路の可能性が高いと考えましょう。壁やパイプも上るので、高い位置の穴もチェックし、発見したらすぐにふさぐようにします。

排水管のチェック   図表2-27

　排水管からも、ゴキブリなどの昆虫類やネズミなどが侵入します。通常は水がたまり（封水構造）、侵入できないようになっていますが、水が枯れたり減ったりして水位が下がると通り抜けてきます。また、排水管の亀裂やジョイント部のゆるみが床の亀裂とつながり、そこを通って侵入してくることもあります。排水管は目の届きづらい箇所ですが、定期的なメンテナンスを行うことが重要です。

有害生物に対する防御力の強化②

B　誘引源のコントロール（有害生物を寄せない）

図表 2-28　昆虫類の誘引源のコントロール

1) 適切な光コントロール対策　2) 出入口付近の異臭発生対策　3) 熱源部周辺の密閉対策

図表 2-29　虫の見え方と人の見え方

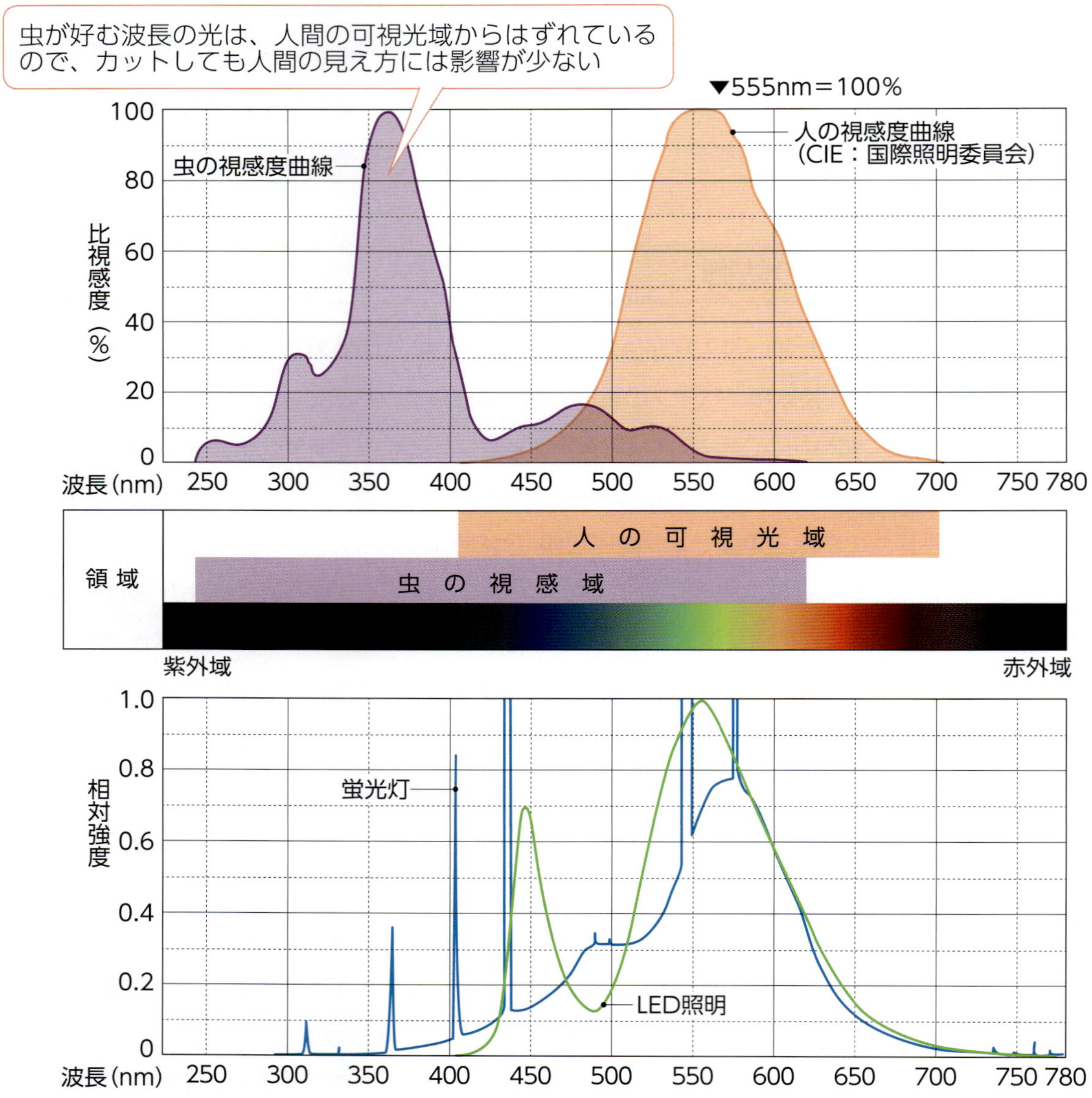

虫が好む波長の光は、人間の可視光域からはずれているので、カットしても人間の見え方には影響が少ない

イカリ消毒(株)都市有害生物管理学会誌(2014年)より

異物混入対策 ▶ 有害生物対策

> **Point** 工場に有害生物を寄せつけない対策を考えましょう。
> ・有害生物誘引のおもな要因は「光」「におい」「熱」
> ・有害生物の誘引要因を念頭にしっかり対策

有害生物の誘引源

　有害生物は、工場に入れないだけでなく、寄せつけない対策も必要です。工場のまわりに生き物が増えれば、それだけ侵入のリスクは高くなります。バリア機能を強固にする意味でも、その前段階として有害生物を寄せつけない対策を講じましょう。それが「誘引源のコントロール」です。

　有害生物（特に昆虫類）を工場内へと誘引するおもな要因は「光」「におい」「熱」です。これらにきちんとした対策を立てられれば、工場に昆虫類が寄ってきづらくなります。

誘引源のコントロール　　　　　　　　　　図表2-28、図表2-29

●光のコントロール

　蛍光灯が出す光には、多くの昆虫を誘引する波長の光が含まれています。これらの昆虫が工場に誘引されるのを防ぐために、昆虫を誘引する波長（紫外域側の波長）をカットした蛍光灯（防虫蛍光灯）の使用や、その波長の光を遮断する防虫フィルムを窓にはるなどの対策が取られています。

　昨今、蛍光灯にかわって使用されることが多くなったLED照明は、昆虫が誘引される波長、特に紫外線を初めから含んでいないため、蛍光灯に比較して誘引される昆虫数が少ないという実験結果があります。しかし、ユスリカなど可視光域に誘引される昆虫も多いので、LED照明が万能とはいえません。今後の実証事例による、さらに効果の高い光コントロールの実現が待たれます。

●においのコントロール

　有害生物のなかには、においに引き寄せられるものも多く存在します。生ゴミのようなにおいのするものを工場の近くに置いておくと、まわりにさまざまな有害生物が集まってきてしまいます。においのするものは工場から離れたところに置いておき、特に工場の出入口付近には短時間でも置かないようにしましょう。

　工場外に置く時にはふたをして、においができるだけもれないようにします。においの出るようなゴミは、腐敗臭がひどくなるのを防ぐために、できれば冷蔵設備のあるところで保管するのが理想です。

●熱のコントロール

　工場での製造過程において、熱をコントロールすることは困難です。秋口に外が寒くなってくると、有害生物は暖かさを求めて工場内に侵入します。暖かさに誘引される生き物に対しては、特に排熱口まわりのバリア機能の強化が対策の第一となります。

有害生物に対する防御力の強化③

C 発生源のコントロール（有害生物の発生源をつくらない）

図表 2-30　昆虫類の発生源のコントロール（工場内）

工場内のチェックポイント
1) 湿潤環境（排水、製造機械周辺など⇒水をためない）
2) 乾燥環境（原料保管場所、製造機械周辺、天井など⇒粉やちり、ホコリをためない）
3) そのほか（機械の中、棚の裏など見えないところ⇒汚れを残さない）

排水溝からは湿潤環境の昆虫が発生しやすい

排水溝の中やふたの裏まで常にきれいにする

チェックの基準は汚れがあるかないか。少しでも汚れがあれば清掃は不備であると判定する

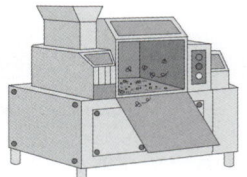
製造機械内部や周辺の粉だまりから乾燥環境の昆虫が大発生することがある
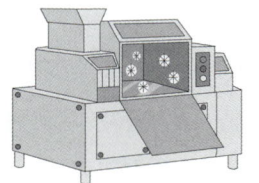
機械などの中や裏側もまめに清掃する

図 2-31　昆虫類の発生源のコントロール（工場外）

工場外のチェックポイント
1) 水まわり（排水溝⇒定期的な管理）
2) 緑地（草や落ち葉⇒都度草刈り、除去）
3) 外周（不用物など⇒整理整とん）

草が茂り、落ち葉がたまると、ネズミや虫が集まるようになる
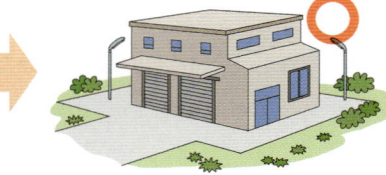
草刈りや落ち葉の除去はまめに。工場に近いところは舗装するとよい

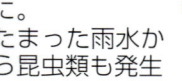
不用物を置くとネズミの隠れ処に。たまった雨水から昆虫類も発生
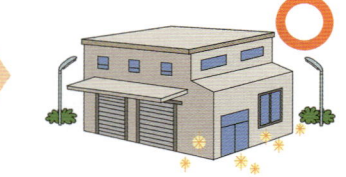
不用物は置かない。やむを得ない時は工場から離して保管し早めに破棄

2 異物混入対策 ▶ 有害生物対策

 Point　工場で有害生物を拡散・発生させない対策を考えましょう。

・工場内外双方での対策が必要
・チェックすべきポイントを念頭に対策

工場内の対策　　　　　　　　　　　　　　　　　　　　　　　　　　　図表2-30

　工場内で昆虫類を発生させないための対策は、食品残さを除去する清掃に尽きるといえます。湿潤環境、乾燥環境とも同様です。そのために必要なのは清掃計画です。工場内のどの部分が昆虫の発生源となりやすいのか、過去の経験やデータに基づいて適切な清掃頻度と方法を設定しなくてはいけません。特に製造機械の内部と周囲は食品残さが残りやすいうえに、昆虫が発生すると製品に混入する危険がひじょうに高くなるので、しっかりときれいにする必要があります。

　通常の清掃のみでは昆虫の発生が抑えられない場合もあります。これは施設や設備の老朽化などが原因です（→ p.53「清掃・洗浄しやすい構造の機械や、内装材の選定」）。次善の策として、殺虫剤などを効果的に使用することも選択肢になります。

　いずれにしても、発生源が不明な昆虫がいる場合、放置せず徹底的に調査し、発生源をつきとめることが必要です。

工場外の対策　　　　　　　　　　　　　　　　　　　　　　　　　　　図表2-31

　工場の中だけでなく、工場外の対策もたいせつです。工場の外周の場合は、緑地や排水溝の管理が特に重要になります。排水溝にずっと同じ水がたまっていたり、泥がたまっていたり、緑地帯に草が茂ったり、落ち葉がたまったりすると、虫が発生してしまいます。定期的に泥を除去したり、草刈りや落ち葉の除去などを行い、常にきれいな状態を保ち、虫が発生しないようにします。

　外周の整理整とんもたいせつです。工場の外に不要な機械や部品、パイプなどが山積みになっている光景をよく見かけます。工場の外だから製品に影響がないようにも思えますが、このような場所はネズミの絶好の隠れ処となります。また、雨が降ると機械の中や下に雨水がたまり、昆虫類の発生源にもなります。このような不用物は早めに廃棄するのがよいのですが、やむを得ず敷地内に置いておかねばならない場合には、なるべく工場から離して保管します。

　工場に近いところはできるだけ舗装し、土の部分を少なくすることもたいせつです。

有害生物に対する防御力の強化④
D　サニタリーデザイン（清掃・洗浄のしやすい構造）

図表 2-32　製造場内のサニタリーデザイン

1) 製造機械などの配置

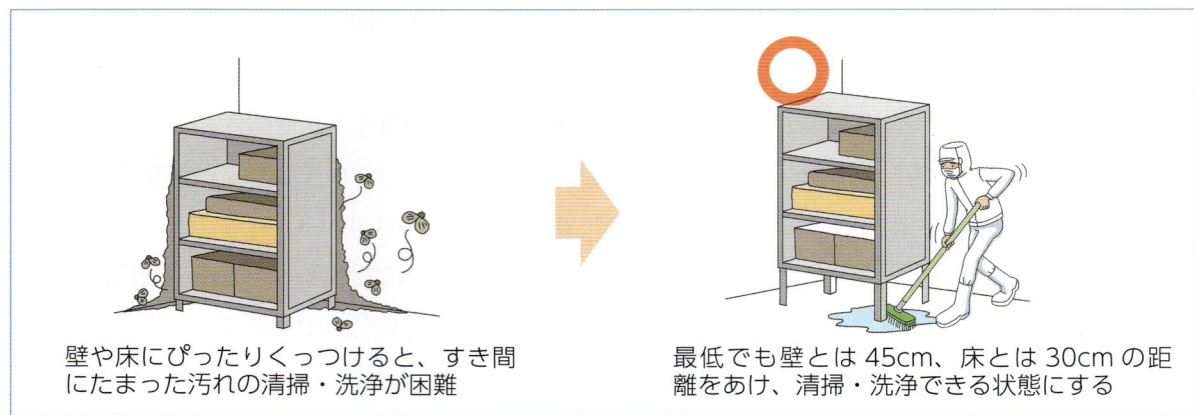

壁や床にぴったりくっつけると、すき間にたまった汚れの清掃・洗浄が困難

最低でも壁とは45cm、床とは30cmの距離をあけ、清掃・洗浄できる状態にする

2) 製造機械の構造

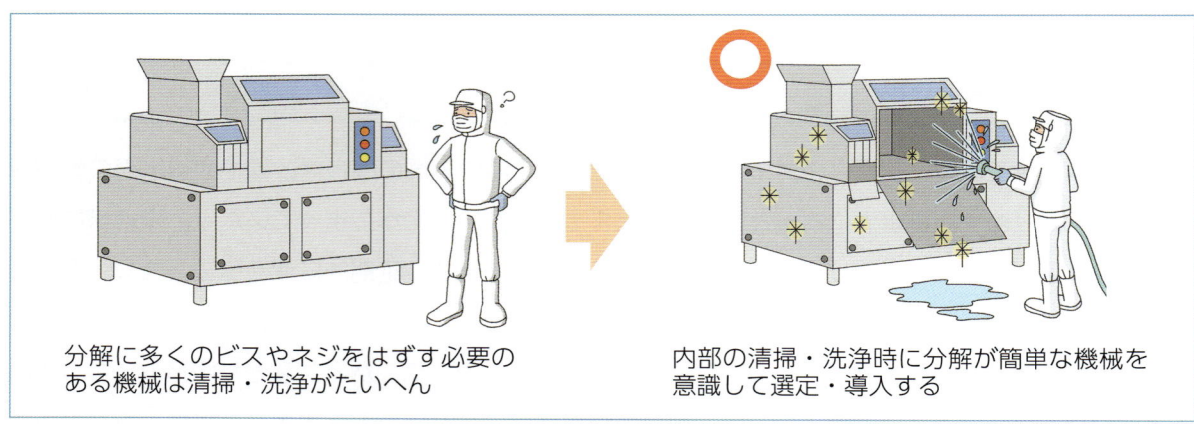

分解に多くのビスやネジをはずす必要のある機械は清掃・洗浄がたいへん

内部の清掃・洗浄時に分解が簡単な機械を意識して選定・導入する

3) 内装の素材と構造

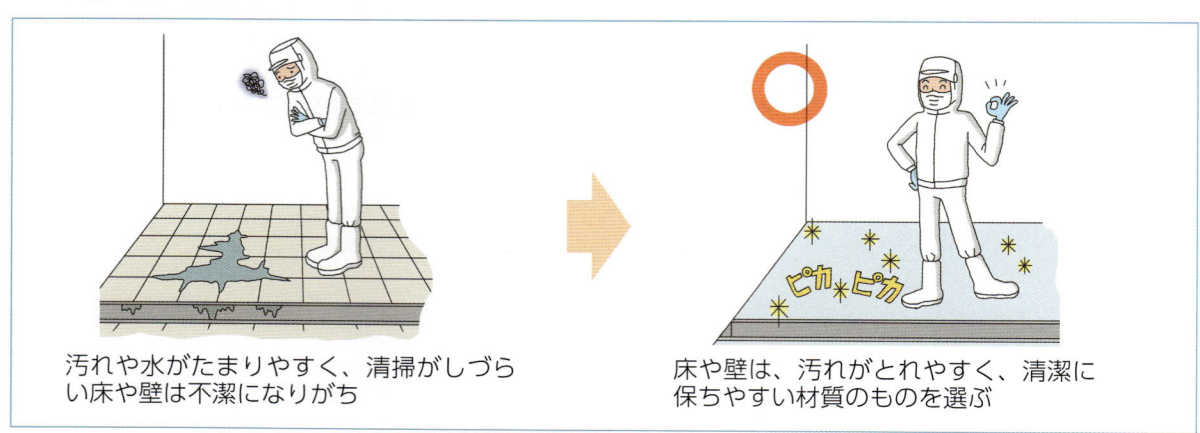

汚れや水がたまりやすく、清掃がしづらい床や壁は不潔になりがち

床や壁は、汚れがとれやすく、清潔に保ちやすい材質のものを選ぶ

Point 工場で有害生物を生息させない対策を考えましょう。
・清掃・洗浄しやすい機械や棚の配置を考慮
・清潔に保ちやすい内装材の選定

サニタリーデザインとは

　工場の「防御力」を決定づける最後の要素は「サニタリーデザイン」です。有害生物の対策では清潔が何よりたいせつですが、そのための清掃・洗浄がしやすいように考えられた構造・レイアウトのことを「サニタリーデザイン」と呼んでいます。意識的にサニタリーデザインを導入し、清掃・洗浄しやすい状況をつくりだすことで、工場の有害生物に対する防御力が向上します。

　一般的なサニタリーデザインの意味は「衛生的な施設・設備の設計」であり広範囲な意味を含みますが、この本では「清掃・洗浄しやすい構造」の意味で使用します。

機械や棚まわりのスペースの確保　　　　　　　　　　　　　　　　図表2-32

　機械や棚が壁にぴったりくっついていて、壁との間が数mmしかあいていなかったら、そのすき間にたまった汚れを清掃・洗浄するのはひじょうに困難です。機械や棚などは、壁から離して設置する必要があるのです。設置する際の壁との距離ですが、理想は「人が通れるくらい」です。

　もしスペース的にそれが難しければ、最低でも目視で裏側が確認できる程度、清掃用具を入れて掃除ができる程度はあけておきましょう。目安としては45cmくらいです。床との間は30cm程度あけておくようにします。

清掃・洗浄しやすい構造の機械や、内装材の選定　　　　　　　　　　図表2-32

　製造機械の内部が点検や清掃しやすいこともたいせつです。その要件として
・簡単に分解できること　・内部のゴミを取り出しやすいこと　・必要に応じて洗浄が可能なこと
などが求められます。製造する食品によっては、水や洗剤を使った洗浄が必要な場合もあります。その場合は耐水性、耐薬性、排水性などが求められます。これらは製造機械選定の際の重要な要素です。

　同様に、壁や床、排水溝などの材質の選定も重要です。不浸透性（汚れがしみ込まない）や平滑であることが必要ですが、最も重要なのは耐久性です。床が傷むと昆虫の発生源となり、清掃だけでは発生を防げなくなる場合があります。内装材には場内で採用している製造方法に応じた強度をもった材質のものを選定します。水、高温水、phが高いまたは低い原料、リフトの走行、床へものを落とすなどの衝撃といったものが床材にダメージを与えます。

有害生物に対する防御力の維持
防御システムのメンテナンスと点検

図表 2-33 工場施設の防御力の維持

生産ラインの日々の清掃・洗浄だけでなく、建物や施設・設備にも意識を向けることが重要

- ● 施設・設備の劣化条件を念頭に正しい頻度で正しく点検
- ・前例の蓄積および作業従事者の経験値
- ● 汚れの程度の詳細な確認
- ・汚れやすさ・汚れにくさ
- ● 日常的点検と監査的点検の別を意識し区別した点検
- ・計画的な点検と確認

工場施設の劣化ですき間ができると…

- ● すき間からの侵入
- ・すき間が好きな有害生物が多い
- ・体のサイズに合っていれば侵入が可能。種類によっては1mm程度のすき間から侵入してくる
- ⇒小さなすき間も埋める必要がある

図表 2-34 防御力維持のためのチェックポイント

✓ 定期的なメンテナンスが必要なポイント
- ・侵入防止→壁の穴、床材のはがれなど（修理してすき間を埋める）
- ・効果の維持→防虫用蛍光灯、誘虫ランプ、フィルター、トラップ用粘着シートなど（洗浄する、交換する）

✓ どこをチェック？
- ・接ぎ目→壁と天井、壁のパネル、壁の立ち上がり部分、基礎と壁材の境目
- ・アール部分
- ・パイプやH鋼の貫通部分
- ・素材の異なるものの境目
  →空調と天井、窓枠と壁材など

2 異物混入対策 ▶ 有害生物対策

 向上した防御力はしっかり維持しましょう。
・点検とメンテナンスの重要性を理解
・計画的な点検とメンテナンスの実施

点検とメンテナンスの実施

図表2-33、図表2-34

　工場施設の防御力を高めて有害生物対策に努めても、建物や施設は日々劣化していきます。せっかくの防御力を維持するためには、定期的に点検とメンテナンスをしていく必要があります。

　点検とメンテナンスは、建物・施設が古くなるほど、頻度を多くする必要があります。また、劣化することが明らかにわかっている箇所についてはメンテナンスの頻度をあらかじめ決めておき、劣化のスピードが不確定な箇所については点検の頻度を決めておくようにします。

点検とメンテナンスの対象と内容

図表2-34

　有害生物防除に関係する施設・設備は、ほかの設備と同様に点検とメンテナンスが必要です。一見正常にみえても、防御機能が低下していることもあります。対象はここまででご紹介したような防御力強化のための施設や設備で、たとえば次のようなものです。

A．バリア機能　出入口の扉やシャッターなど⇒すき間、ゆがみ、破れ、開閉の具合など
　　　　　　　壁⇒破損など
　　　　　　　空調系⇒フィルターのつまり、破損、汚れなど
　　　　　　　換気扇や窓など開口部の網⇒汚れ、破れ
B．誘引源のコントロール　ゴミ置き場の管理状況、防虫ランプや防虫フィルムの状況
C．発生源のコントロール　食品残さが蓄積しやすい場所の清掃状況、昆虫発生の痕跡の有無
D．サニタリーデザイン　床や排水溝の傷み、機器類の配置状況

　さらに防除機器です。捕虫器などの各種トラップや防虫用エアカーテンなどの点検・メンテナンスを忘れてはいけません。多くの捕虫器に使用されている青紫に光るランプ（誘虫ランプ）のおもな誘引力は紫外域の波長の光です。このランプは長時間の使用により、見た目には変化がなくても紫外域の波長が徐々に弱まっていきます。誘虫ランプを1日24時間使用している場合、6か月に1回以上の交換が必要です。

有害生物の把握
モニタリングと調査

図表 2-35　モニタリングの考え方

点検モニタリング	トラップによる捕獲と目視による点検（作業従事者への聞き取りを含む） ・現場での計数による異常発見と応急対策
数値化モニタリング	トラップによる捕獲昆虫の分類、計数、目視、ヒアリング ・発生昆虫の正確な動向確認、場内の分布状況把握 ・防除システムの異常発見、および衛生状態の判定

● モニタリングの目的：モニタリングは、有害生物そのもの、およびその生息痕跡をもって、工場の防御力の問題点を早期に発見し対処するために行う

図表 2-36　いろいろなトラップ

- **ライトトラップ**
  光に寄ってくる飛翔性昆虫を捕獲するための捕虫用の機械。
  ・誘虫ランプを使うため、製造室に設置する場合はランプ破損防止対策が必要。
  ・屋外からも昆虫を誘引するので、設置場所には十分な配慮が必要。
  ・ライトトラップの一種である電撃殺虫器は、虫体が破損し飛散するため製造室には不向き。

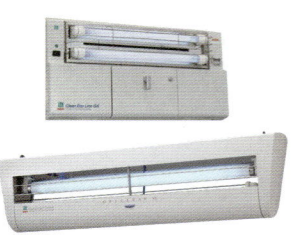

- **粘着捕獲トラップ（無誘引）**
  有害生物の誘引はせず、生息しそうな場所にピンポイントで設置する粘着式のトラップ。発生源や侵入場所特定のための調査に向いている。形状により、ネズミ用、歩行性昆虫用、ゴキブリ用がある。
  ・粘着剤を使用するため、水濡れにより捕獲力が喪失する。
  ・清掃時に廃棄されやすい。

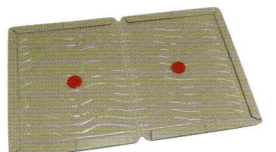

無誘引トラップ（ネズミ用）

- **フェロモントラップ**
  フェロモンを利用して有害生物を誘引し、粘着剤で捕獲するトラップ。貯穀害虫用。貯穀害虫の種類ごとにトラップが異なり、シバンムシ類用、メイガ類用、コクヌストモドキ用などがある。
  ・対象となる貯穀害虫の種類によっては、屋外からの誘引を防ぐ配慮が必要な場合がある。

フェロモントラップ（シバンムシ用）

フェロモンとは：自身の体内で分泌されて自身に影響を及ぼす物質をホルモン、体外に放出されて同種の他個体に特別の行動を誘発する物質をフェロモンと呼ぶ。フェロモンはごく少量で作用し、引き起こされる行動には抗いがたい。性フェロモンについては『ファーブル昆虫記』にもオオクジャクヤママユというガのメスが産生する性フェロモンの話が紹介されている。

図表 2-37　ライトトラップの設置方法

昆虫を製品へ誘引しない	捕虫効果の確保	安全のため
・外部に誘引光がもれない場所（トラップが外部から見えない場所） ・製品、原料、半製品および製造ライン、機器からできる限り離す	・広い範囲から見える場所（トラップの前面に遮へい物がない） ・設置高はできるだけ一定（設置高で捕獲数が変わる）	・メンテナンスしやすい高さ（転落、転倒防止） ・リフト等の衝突の危険がない（メンテナンス時含む）

2 異物混入対策 ▶ 有害生物対策

> **Point 施設の現状をきちんと把握しましょう。**
> ・効果的なモニタリングの実施
> ・モニタリング結果の評価と対策

モニタリングとは

図表2-35

　工場施設の防御力を高めて、その防御力を維持するために点検・メンテナンスを行いますが、それらが本当に効果的なのか、工場は防御力に問題がない状況なのかを確認する方法として「モニタリング」があります。

　モニタリングとは、有害生物の侵入と発生を監視することです。その結果に基づき、有害生物の侵入や発生に早期に対処するとともに、防御力を維持管理します。有害生物の生息を監視するには、一般的にトラップによる捕獲を行います。ただしすべての有害生物がトラップで捕獲できるわけではありません。侵入あるいは発生しやすい場所を丹念に目視で調査すること（点検モニタリング）も必要です。

　また捕獲された有害生物の種類と数を調べて記録することにより、防御力の検証や、侵入や生息の傾向の判断（数値化モニタリング）ができ、より予防的な管理が可能となります。

モニタリングに使用されるトラップの種類

図表2-36

　トラップにはいろいろな種類があり、それぞれ捕獲できる有害生物は異なります。

　飛翔性昆虫を対象としたライトトラップは、昆虫類の感受性が強い370nm付近の波長帯の光で昆虫を誘引し、あらかじめセットされた粘着紙上に捕獲します。広範囲の虫を誘引するので、エリア全体の評価に向いているトラップです。

　粘着シートを使用するトラップは、ネズミやゴキブリなど歩行性の有害生物のモニタリングに使用されます。目的によって誘引餌を併用する場合もあります。有害生物が実際に生息しているかどうか、特定の範囲の評価をするのに向いています。

　おもに貯穀害虫向けの、性フェロモンを活用した「フェロモントラップ」は、対象とする昆虫類のオスが引き寄せられる物質（フェロモン）を粘着シートの上に置いて誘引を行い、虫を捕獲します。

　トラップは、モニタリング用と駆除用とを使い分ける場合もあります。モニタリング用のトラップは移動せずに定点で調査しますが、駆除用は配置場所を自由に変更できます。いずれにしろ、勝手な移動や紛失が起こらないよう、設置場所には表示をし、従事者に周知して注意喚起をします。

モニタリング結果への対応
立案から最終手段まで

図表2-38　有害生物管理の対策

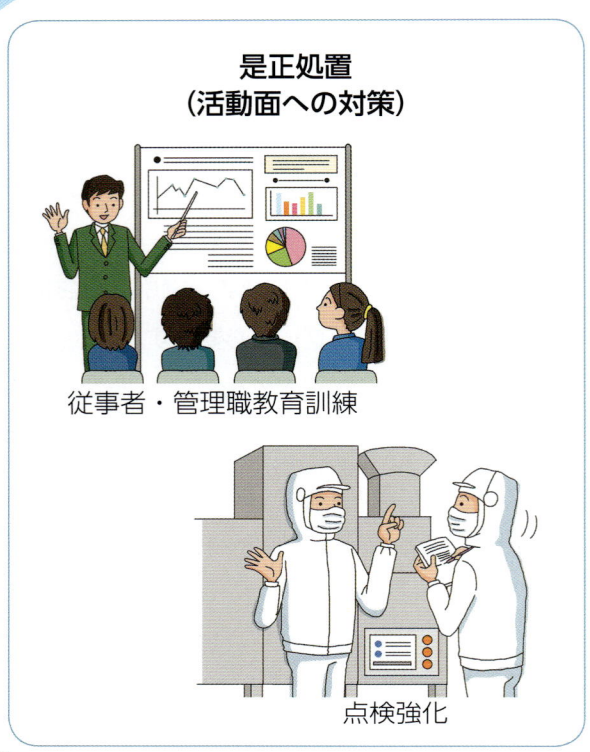

図表2-39　昆虫類が発生した場合の対策（例：原因が清掃不足の場合）

現象面への対策	
清　掃	有害生物の発生原因となる汚れを取り除く（発生源のコントロール）
整理整とん	清掃しやすく、昆虫が生息しにくい状況をつくる（サニタリーデザインの改善）
設備改善	施設設備の構造変更により、昆虫類の発生原因となる汚れをたまりにくくする。また、発生している昆虫類の工場への侵入を防止する（バリア機能、誘引・発生源のコントロール、サニタリーデザインの改善）
活動面への対策	
ルールの見直し	清掃しやすいルール（マニュアル）にする
教育訓練	作業従事者にルールを教育・周知し、情報もれや情報不足を防止する
点検強化	管理者の点検頻度を上げ、問題（清掃不足など）に早く気づけるようにする
対策立案方法の見直し	問題（清掃不足など）の発見時に早急に対策立案ができるよう、報告の流れを見直し、対策を話し合う場を設ける

2 異物混入対策 ▶ 有害生物対策

> **Point** 有害生物の問題は早期発見・早期対策をしましょう。
> ・有害生物の問題は原因事象が起きた理由まで追及
> ・モニタリング結果への対応方法

モニタリング用のトラップの設置と捕獲状況の評価

　工場で使用している原料や、構造、立地などにより、問題となる有害生物は異なります。対象とする有害生物に合わせ、トラップの種類と個数を決めて配置します。

　モニタリング用のトラップは状況にあわせて定期的に、どのような有害生物が捕まっているかを確認します。捕獲結果には必ず評価を下さなくてはいけません。異常（前月あるいは前年同月より爆発的に増えている、ほかの箇所に比べて明らかに捕獲が多いなど）があれば、周辺を確認して、有害生物が増えている原因を調べて対応をします。

●実際の食品工場での捕獲例

飛翔性昆虫用ライトトラップの捕獲状況

歩行性昆虫用粘着トラップの捕獲状況

モニタリング結果への対応の考え方　　　　　　図表2-38、図表2-39

　モニタリングにより有害生物の侵入や発生が確認された場合、なんらかの対応が必要です。対応は応急処置と、問題が発生した原因を除去する是正処置にわかれます。応急処置は「現象面への対策」、是正処置は「活動面への対策」といい換えることができます。

　まず必要なのは、応急処置が必要かどうかの判断です。応急処置が必要な場合とは、防御力が失われ、放置すると異物混入などの重篤な問題につながるおそれがある場合です。たとえば内部発生昆虫が大量に発生した場合（特定の種類の昆虫が大量に捕獲された等）や、出入口に問題が発生し外部から大量に昆虫が侵入した場合（前月や前年同月と比較し不自然に捕獲が多い等）などです。

　たとえば、清掃不足により昆虫が内部に大量発生した場合を考えます。大掃除の実施、清掃がしやすいようレイアウトを変更、整理整とんの見直しなどの対策が応急処置（現象面への対策）です。しかし、清掃ができない原因をつきつめると、従事者が清掃方法や目的を正しく理解していなかったり、点検が不十分であるなど、背景に管理面の問題が存在することがほとんどです。これらを修正し、再発を防ぐことは是正処置（活動面への対策）になります。

有害生物の駆除
有害生物の駆除方法と注意点

図表2-40　駆除方法の例

ネズミ	捕獲	粘着トラップやケージトラップなど各種捕獲機器による捕獲・駆除
	ベイト処理	殺そ成分含有の喫食剤を喫食させることによる駆除
	接触処理	殺そ成分含有の粉剤を体表に付着させることによる駆除
	忌避処理	超音波防そ機：高音圧超音波による忌避 咬害防止剤：処理面に対する忌避剤の塗布により咬害を防ぐ 忌避剤：忌避剤の噴霧または配置による忌避
	防そ工事	通路の物理的遮断（建物の内外装など）
昆虫	捕獲	ライトトラップ：飛翔性昆虫を誘虫ランプにより誘引し捕獲 フェロモントラップ：昆虫の集合フェロモンや性フェロモンなどにより誘引し捕獲 ベイトトラップ：餌により誘引し捕獲 無誘引トラップ：誘引剤を用いず偶発的にトラップに接触させ捕獲
	ベイト処理	殺虫成分含有の喫食剤を配置または塗布し喫食させることによる駆除
	すき間処理	亀裂内など通常では薬剤が到達しにくい場所に対する薬剤処理による駆除
	残留処理	発生箇所に対し殺虫剤を噴霧、塗布し、薬剤を残留させることによる駆除
	直接噴霧処理	生体に対し殺虫剤を直接噴霧（スプレー）することによる駆除
	簡易くん蒸処理	ピレスロイド系炭酸ガス製剤の超微粒子噴霧（0.3μ）による駆除
	ULV処理※	ピレスロイド系殺虫剤の微粒子噴霧（10μ）による駆除
	蒸散処理	殺虫成分含有のプレートや樹脂テープからの成分蒸散による駆除または忌避
	粒剤散布処理	殺虫成分含浸の粒状薬剤散布による駆除
	防虫工事	亀裂やすき間をコーティングするなど餌のたまり場や発生源となる場所を構造的に除去
微生物	噴霧処理	殺菌剤を処理面に直接噴霧（スプレー）
	清拭処理	殺菌剤を布などにしみ込ませ処理面を拭き取り
	ULV処理※	殺菌剤の微粒子噴霧（10μ）による空中浮遊菌の除菌
	オゾンガス処理	低濃度オゾンガスの気流放出による空中浮遊菌の除菌
	紫外線処理	機器内に取り入れた空気を紫外線により除菌、放出

※ ULV = Ultra Low Volume　超微粒子のこと

図表2-41　自社で薬剤による駆除を行う場合に手順化が必要な事項

1. 資格者の技術認定
- おもな害虫を同定できる
- 正しく記録を作成できる
- 使用する薬剤の特性を知っている
- 安全管理など薬剤使用に関する手順、ルールを理解している

2. 薬剤に関すること
1) 薬剤の選定手順
   - 選定者、責任者を決める
2) 薬剤の購買手順
   - 購買者と使用者は別にする
   - 安全データシート（SDS）の入手と保管
3) 薬剤の保管と持ち出し手順
   - 専用の施錠された保管場所の設定
   - 払い出し記録と在庫のチェック

3. 安全管理に関すること
1) 使用者の安全管理
   - 防護服などの選定
   - 正しい装着
2) 食材の安全管理
   - 移動、養生、洗浄
3) 工場従事者の安全管理
   - 薬剤処理エリアへの立ち入り禁止告知手順

2 異物混入対策 ▶ 有害生物対策

> **Point** 有害生物の駆除について正しく理解しましょう。
> ・駆除方法の考え方と選択
> ・薬剤による駆除の注意点

駆除の考え方　　　　　　　　　　　　　　　　　　　　　　図表2-40

　応急処置を行う場合、最も重要な活動が「原因究明」です。発生源や侵入口を特定するための活動が原因究明調査です。工場が古い場合など、簡単に原因が特定できないことがままあります。そのような場合は、仮説を立て検証（調査）を繰り返すことで原因をしぼり込みます。

　応急処置の基本は環境整備と物理的手法（トラップによる捕獲など）による防除ですが、有害生物の生息数が多い場合や、原因のしぼり込みに手間取り、当面の措置として有害生物の生息数を減らす必要がある場合は殺虫剤や殺そ剤などの薬剤を使用した駆除を行います。

　環境整備（環境の見直し）、物理的駆除（トラップなど）、薬剤駆除の3つの駆除法を最も効果的な順番と組み合わせで実施する必要があります。たとえばネズミが工場内で繁殖を始めた場合は、爆発的に増殖する危険があるので早期の駆除が必要です。防そ工事によりネズミの行動を防除に有利な方向に制御・誘導し、大量の粘着トラップによる集中捕獲と、毒餌（ベイト剤）を組み合わせて駆除を行います。環境整備には天井の点検口新設なども含まれます。

薬剤による駆除の注意点　　　　　　　　　　　　　　　　　　図表2-41

　薬剤による駆除は、業者に委託する場合と自社で実施する場合とで注意点が異なります。共通な注意点としては、①製造ラインや食材を薬剤汚染から守ること　②従業員の保護　の2点です。

　業者に委託する場合は①については仕様を明確に（文書化）し、業者とのコミュニケーションを密にします。自社で行う場合は、①については作業者を指定し教育を行います。②については薬剤の管理を厳密に行うことが重要になります。いずれにしてもむやみに薬剤を使用するのではなく、薬剤の使用量が最少ですむような効果的な使用方法を検討、採用することが必要です。

食品などに薬物を付着させない

薬剤使用の室内に人を入れない

有害生物の管理
年間活動計画の設計と流れ

図表2-42　IPM（総合的有害生物管理）とは

人の健康に対するリスクと環境への負荷を最小限にとどめる方法により、建築物において考えられる有効・適切な技術を組み合わせて有害生物を制御し、その水準を維持する方法をいう（国土交通省監修　建築保全業務共通仕様書・平成20年度版より）。

図表2-43　年間活動計画の設計

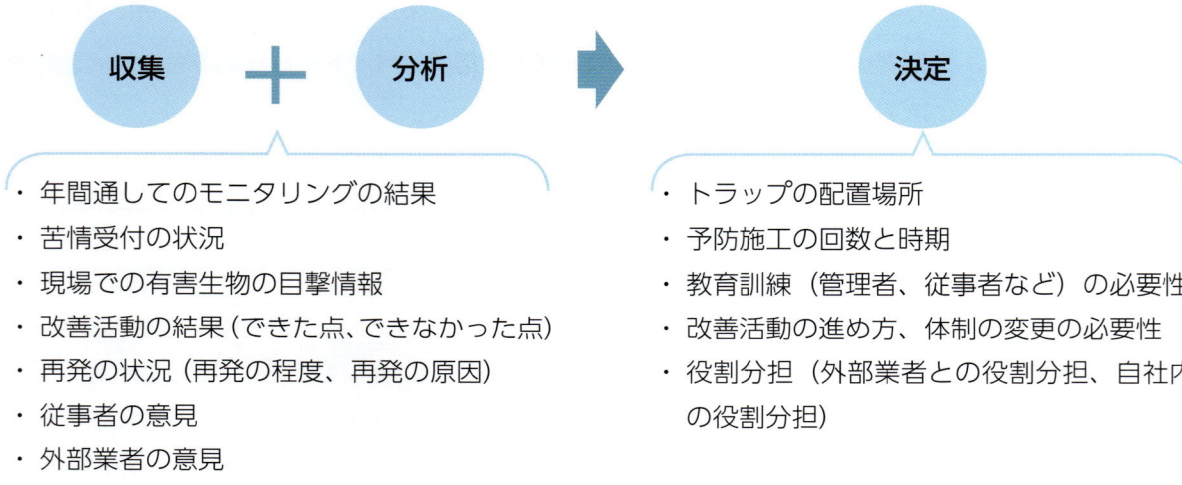

収集 ＋ 分析 → 決定

- 年間通してのモニタリングの結果
- 苦情受付の状況
- 現場での有害生物の目撃情報
- 改善活動の結果（できた点、できなかった点）
- 再発の状況（再発の程度、再発の原因）
- 従事者の意見
- 外部業者の意見

- トラップの配置場所
- 予防施工の回数と時期
- 教育訓練（管理者、従事者など）の必要性
- 改善活動の進め方、体制の変更の必要性
- 役割分担（外部業者との役割分担、自社内の役割分担）

図表2-44　年間活動の流れ

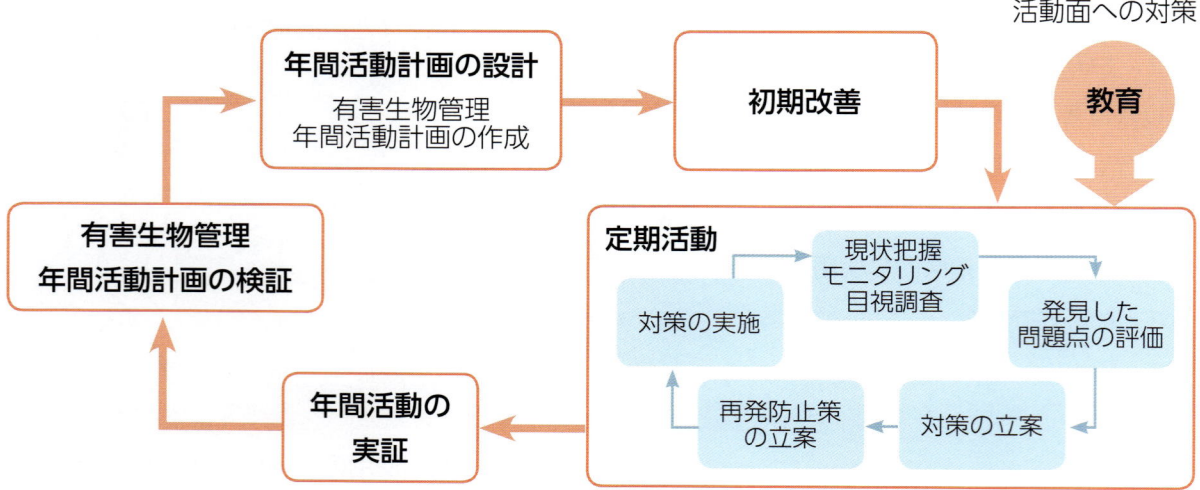

2 異物混入対策 ▶ 有害生物対策

> **Point** 年間の活動を見通して有害生物管理を計画しましょう。
> ・年間活動計画の設計が重要
> ・年間の活動を見通した計画、実践、改善

効果的かつ環境に悪影響のない対策　　　図表2-42

　ここまででご紹介した対策の流れは近年の有害生物対策の基本で、このような考え方を IPM ＝総合的有害生物管理といいます。

　IPM はもともと農業分野で始まったものですが、現在では農業分野だけでなくビル、食品などの病害虫にも用いられています。その実施内容は、農業、ビル、食品の分野ごとで異なります。食品では、殺虫剤の混入自体が商品回収のリスクとなるため、いかに安全に、薬剤の使用を最低限にコントロールして防除を行うかが、防除計画の重要な要素となります。

　整理すると①環境を整備して有害生物の発生と侵入を防ぐ　②有害生物をモニターし適切に防除を行う　③防除結果を活動全般にフィードバックし予防活動を強化する　これら3つの活動によって予防的な管理を実現します。①のみで予防管理が実現できるとよいのですが、往々にして気づいていない部分にほころびが出ます。早期に問題を発見し対処する仕組みが必要です。また、いざという時（大量発生など）のために、薬剤の使用も視野に入れて準備することも重要です。

　これらの活動をスムーズに進めるためには、外部の専門業者を活用する選択もあります。ただし業者への丸投げは工場内にブラックボックスをつくることになるため避けるべきです。業者が工場内を点検する際には衛生管理担当者も点検に同行し、業者と問題点を共有することをおすすめします。

年間活動の流れを意識した計画　　　図表2-43、図表2-44

　これらの活動を年間の計画にしてみてみると、年間活動計画の設計⇒初期改善⇒定期活動⇒年間活動の実証　という流れになります。この流れのなかで年度初めに行う「年間活動計画の設計」が、有害生物管理の成否を決めるひじょうに重要な部分になります。

　活動計画の設計の際には、前年の結果（モニタリング、活動、苦情内容など）と、設計のために追加で行った調査結果などを考慮します。そのうえでまず、年間の目標をはっきりさせます。そしてその目標に対してモニタリングだけでなく、どのような初期改善が必要か、年間を通じどのような教育訓練、改善活動を行っていく必要があるかも計画します。

　このように、いろいろな要素を駆使して、人、製品そして環境にやさしい有害生物管理を行っていくのが IPM という管理方式なのです。

薬剤について知っておくこと

●有害生物防除剤の法律上の使用区分

駆除用薬剤（殺虫剤、殺そ剤）は法的に以下の区分があり、食品工場で使う薬剤は防除対象により医薬品、医薬部外品と雑貨を使い分けます。農薬を食品工場で使用するのは違法行為となるので注意が必要です（敷地内の樹木消毒には農薬を使用します）。

使用区分	防除対象
医薬品	衛生害虫（ネズミ、ゴキブリなど）の駆除のために使用する医薬品
医薬部外品	同上の目的で使用し、作用の緩和なもの
動物用医薬品	動物（家畜、家禽）のために使用する医薬品
動物用医薬部外品	同上の目的で使用し、作用の緩和なもの
農薬	農作物の農業害虫の駆除のために使用する薬剤
雑貨	衛生害虫および農業害虫以外の害虫の駆除のために使用する薬剤。不快害虫、食品害虫、木材害虫など用

●化学的な側面からの殺虫剤の分類

分類	特徴	おもな薬剤（一般名）
有機リン系	種類が多い。神経酵素（コリンエステラーゼ）阻害薬である	フェニトロチオン、クロルピリホスなど
ピレスロイド系	除虫菊成分を合成。即効性が高く、人畜に対し安全性が高い	ピレトリン、フェノトリン、シフェノトリン、エトフェンプロックスなど
カーバメート系	有機リンと同様の作用	プロポクスル、フェノブカルブなど
昆虫成長制御剤（IGR）	昆虫の変態を阻害。動物、魚類への毒性が極めて低い	ジフルベンズロン、ピリプロキシフェン
ネオニコチノイド系	ほ乳類、魚類への毒性は低い	イミダクロプリドなど
その他	フェニルピラゾール系（フィプロニル）、オキシジアジン系（インドキサカルブ）、ヒドラメチルノンなど	

- ●薬剤を選定する際は、有効成分と剤型が重要な情報となります。剤型とは、ヒトの薬でいう液剤、粉末剤、錠剤などのような分類のことです。
- ●使用する場所（ドライ、ウエットなど）、対象となる害虫の種類、要求される安全性（食品や従事者への影響）のレベル、価格などを考慮して薬剤を選定します。

薬剤による駆除を専門業者に依頼した際には「実施報告書」を受け取ります。報告書には実施場所、対象となる生物や生息状況、使用薬剤や処理方法などが記載されます。薬剤についての基本的な知識をもっておくと、報告書の内容がよく理解できるようになります。

●おもな剤型の特徴

剤型	特徴
乳剤	・有効成分を溶剤（キシレン、ケロシンなど）に溶かし、界面活性剤（乳化剤）を加えた製剤。水で希釈して使用。有機リン剤の代表的剤型 ・危険物。溶剤による変色、異臭などの問題がある
水性乳剤	・有効成分を界面活性剤に溶かし、水で分散させた製剤。水で希釈して使用。ピレスロイド剤の代表的剤型 ・空間噴霧に適す。低臭
マイクロカプセル	・有効成分を樹脂でマイクロカプセル化し、水に懸濁させた製剤 ・安全性が高い。低臭
ベイト剤	・有効成分を害虫が好む餌に混ぜ、喫食させることを目的とした製剤。近年使用が増加 ・薬剤の使用量や汚染が少ない。持続性が高い
エアゾール剤	・生息調査、追い出し用に使用。ベイト剤の増加で使用量が減少。ベイト剤と併用すると効果減の場合がある ・危険物

●薬剤名の例

市販されている薬剤にはいろいろな呼び方があります。下の例では、商品名は「〇〇サフロチンVP乳剤」となっています。有効成分は「サフロチン」と「DDVP」ですが、これも商品名です。

医療機関では、有効成分名は一般名か成分名が用いられます。複雑なので、薬剤の購入先から安全データシート（SDS）を入手し、万一作業者などが中毒を起こした場合、医療機関にSDSを持参できるよう準備しておきます。

商品名-1	商品名-2	一般名(成分名-1)	成分名（成分名-2）
〇〇サフロチンVP乳剤	サフロチン	プロペタンホス	(E)-O-2-イソプロポキシカルボニル-1-メチルビニル-O-メチルエチル-ホスホラミド
	DDVP	ジクロルボス	2,2-ジクロロビニル-ジメチルホスフェート

●薬剤で中毒を起こしたら！

万一薬剤で中毒を起こした場合はすぐに医師の手当てを受けましょう。処置法などが不明な時は**中毒110番**に連絡して相談しましょう（実際に事故が発生している場合限定で情報提供が受けられます）。

公益財団法人　日本中毒情報センター

中毒110番	一般専用（情報提供料：無料）	医療機関専用（1件につき2,000円）
大阪（24時間対応）	072-727-2499	072-726-9923
つくば（9～21時対応）	029-852-9999	029-851-9999

毛髪混入の実態
毛髪についてのいろいろ

図表2-45　頭髪の固着力（1本あたりに何gの力をかけると抜けるのか）

単位はg

発生部位	男		女	
	平均値	個人的差異	平均値	個人的差異
Ⓐ 前頭	54.2	22〜77	54.4	29〜79
Ⓑ 側頭	55.5	17〜77	52.6	36〜73
Ⓒ 頭頂	48.3	12〜73	48	27〜75
Ⓓ 後頭	57.3	25〜83	45	17〜77
すね毛	41.2	25〜59	−	−
陰毛	50	39〜63	−	−
わき毛	33.3	25〜44	−	−

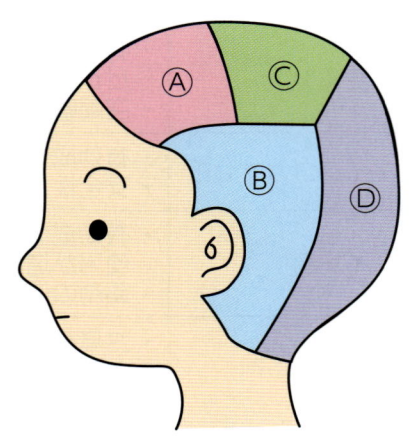

数値が大きいほど抜けにくい。毛髪が頭皮にくっついている力は強い。

文献：須藤武雄「ハゲる前に読む本」（長岡書店, 1979）

図表2-46　頭髪が1日に抜ける本数

- 頭髪の生える面積 ＝ 700cm²
- 頭髪の生える密度 ＝ 150本／cm²
- 頭髪の本数 ＝ 150×700≒約100,000本
- 頭髪の寿命 ＝ 2〜7年（平均5年）
- 1年に抜ける頭髪の本数 ＝ 100,000÷5＝約20,000本
- **1日に抜ける頭髪の本数 ＝ 約55本**

実際には1日に40〜80本ほど必ず抜け落ちる
⇒
頭髪は思った以上に抜けている

2 異物混入対策 ▶ 毛髪対策

> **Point** 毛髪が抜け落ちる理由を知っておきましょう。
> ・混入異物のトップである毛髪とは
> ・自然に抜け落ちる毛髪の量

毛髪混入の実態

毛髪は、異物混入苦情において最も多く届けられています。この傾向は、過去より大きな変化はありません。

毛髪混入防止のために多くの新しい対策が提案、導入されていますが、いまだに食品製造者を悩ませ続けています（→ p.18　図表1-8参照）。

異物検査機関の2015年のデータによると、受けつけた毛髪類（毛髪に類似の異物を含む）の検査総数は1,473件、これに占める獣毛や繊維類の検査数は98件で約7%です。この傾向には数年間変化がありません。毛髪に類似の異物とは、獣毛（従事者の衣類に付着あるいは原材料由来）、衣類由来繊維などで、それらが全体の約7%となっていることから、異物となるのはやはり人毛（体毛を含む）が中心であることがわかる数値です。ただし工場によっては原材料由来獣毛が多いなど、工場の特徴がみられる場合もあります。

毛髪対策を立案する際には、人毛か否かは重要な情報となるのです。

毛髪とは　　　　　　　　　　　　　　　　　　　　図表2-45、図表2-46

毛髪はなぜ抜けるのでしょう。図表2-45を見ると、たとえば前頭部の毛1本を抜くためには、約54gもの力が必要なことがわかります。つまり、毛髪はかなり強い力で皮膚にくっついているのです。ですから毛髪はそう簡単に抜けるわけではなく、毛髪が抜ける原因のひとつは寿命です。頭髪の寿命は平均5年で、5年が経つと、抜けて新しく生えかわります。ちなみに体毛はもう少し早い周期（2〜3年）で生えかわります。

これらのことから、1日に何本の頭髪が抜けるかを考えてみます。頭髪の生える面積、密度から総本数を算出し、それらが5年ですべて抜けかわると考えると、1日に約55本が抜ける計算になります。毛髪が抜ける本数は、人によって、あるいはその日の体調によって変わります。しかし、毎日相当多くの毛髪が抜けているということに違いはありません。

約5年で自然に抜ける

毛髪混入防止のためにすべきこと
毛髪混入防止のための対策の基本

図表2-47　毛髪混入防止のための原則

毛髪対策の3原則	具体的な対策
①持ち込まない	・洗髪、入浴、ヘアケアなどによる脱落毛髪の事前排除 ・着替え方法および着衣の保管方法による二次的付着の防止 ・入場時の粘着ローラー、エアシャワーによる除去 ・帯電防止や除電のための着衣の選択 ・有効な着衣・着帽の選定　　・正確な着衣・着帽の実施 ・姿見などによる着衣・着帽の確認
②発生させない	・作業服や帽子に触らない　・作業中は必要以上に動かない ・ラインや開封状態のものの周囲を走らない
③入れない	・開封状態の原料、製品、仕掛品を放置しない ・開封状態のものを低い位置に置かない ・毛髪を除去できる清掃の実施　・毛髪が留まりそうな箇所をなくす ・清掃がしやすい状況をつくる　・作業中に付着した毛髪の除去

図表2-48　落下毛髪採取結果（1日あたり）

No.	場所	本数	備考
1	エアシャワー内	23	
2	エアシャワー手前	15	
3	階段踊り場	300	※
4	事務所内	4,000	※
5	休憩室	850	※
6	トイレ	350	※
7	ロッカー更衣室	5,000	※
8	製造室　1	168	
9	製造室　2	42	
10	製造室　3	16	
11	製造室　4	20	
12	製造室　5	30	
13	製造室　6	19	
14	製造室　7	300	※
15	製品仕分場	1,800	※
16	製造場内の階段	650	※
17	製造室内の通路	126	
18	製品保管庫前	200	※
19	資材倉庫	5,000	※

※印の数値は採取量が多いため、正確な数値ではない。

図表2-49　食品工場で採取された毛髪・繊維・その他の異物（1日あたり）

種類			本数
人毛	頭髪		350
	体毛	まつ毛・眉毛	10
		わき毛	50
		陰毛	120
		その他の体毛	100
人毛以外	獣毛	ヒツジ	220
		ブタ・イノシシ	3
		ネコ	5
		イヌ	2
		ネズミ	3
		その他不明	15
	化学繊維	ブラシ・ほうき	80
		カーペット・足拭きマット	150
		製造機械の一部	5
		糸くず	75
		その他不明	40
その他		ガラス片	85
		ゴム・プラスチック片	25
		小石・コンクリート片	55
		木くず	20
		ビニール片・ラップ片	140
		段ボール・紙くず	90
		食品残さ	250

2 異物混入対策 ▶ 毛髪対策

 Point 毛髪混入対策の基本を知っておきましょう。

- 毛髪混入防止のための原則
- きれいな工場でも意外に落ちているのが毛髪

対策の基本　　　図表2-47

　毎日相当数の毛髪が、製造作業中にも脱落することを前提とした対策が必要です。毛髪対策の基本は以下の3項目で、これを「毛髪対策の3原則」といいます。

①持ち込まない：作業服などに毛髪を付着させたまま工場に入らない
②発生させない：作業服の中から毛髪を落下させない
③入れない：①②を対策しても工場内に落下した毛髪を製品に入れずに除去する

　毛髪対策は、ハード（設備）とソフト（ルールと正しい実施、目的と理解）の有機的な組み合わせによって、初めて効果を得ることができます。

想像以上に工場内に落ちている毛髪　　　図表2-48、図表2-49

　実際にどれくらいの毛髪が工場内に存在するのか調べたものが図表2-48です。工場内全域には数万本が落ちていることになります。この工場はきれいで清掃がゆき届き、一見すると毛髪が落ちているなどとはわからないような、作業者数100名程度の工場です。

　注目しなくてはならないのは、製造室内でもたくさんの毛髪が採取されていることです。どのような工場でも、毛髪対策は行っています。それでもこれだけの毛髪が持ち込まれているのが実情です。

　また、図2-49のデータからは、頭髪に近い本数の体毛や獣毛、繊維類が工場内で採取されていることがわかります。毛髪だけでなく繊維状の異物全般について、あわせて対策する必要があります。

毛髪混入防止のためにすべきこと①

毛髪対策の3原則　①持ち込まない

図表2-50　家から場内入場までの対策の流れ

まずは家で対策

- 洗髪
- ブラッシング

帽子・作業着の正しい着用

鏡を見ながらチェックしましょう。

1. 毛ははみ出していないか
2. 鼻は出ていないか
3. 帽子のえりは出ていないか
4. 帽子のマジックテープ(前後)はしっかり留まっているか
5. 着衣に汚れはないか
6. ほつれはないか
7. 上着は入れているか
8. 私物・持ち込み禁止品を持っていないか

その他の注意事項

- ヘアネット→マスク→帽子→上着→ズボンの順に着ましょう＊。
- 着衣を床や私服に接触させないようにしましょう。
- 着替え後は、鏡を見ながら着用状況をチェックしましょう。
- 最後に毛髪の付着を鏡で確認します。毛は30～50cmまで鏡に近づかないと見えません。鏡に近づいてしっかりチェックしましょう。

＊作業服や帽子の形状、特徴に合った着用手順を定めましょう。

ローラーで毛髪を除去　取りにくいところは特に注意

粘着ローラーがけ

- 頭
  - 頭から順に下に向かってかけていきましょう。
  - 後頭部も忘れずに。
- 肩・腕
  - 肩やえりまわりはシワをのばしてかけましょう。
  - ローラーを持っている側の腕のかけ忘れに注意しましょう。
- 体前面
  - 脇の下や体の側面も忘れないようにかけましょう。
- 背中
  - 背中は自分ではローラーがけしにくいので、ほかの人がいる時にはかけてもらいましょう。
- 足
  - 足首までしっかりとかけましょう。

その他の注意事項

- 朝の入場だけでなく、トイレ、休憩後の入場時にも同じように行いましょう。

最後はエアシャワーと粘着マット

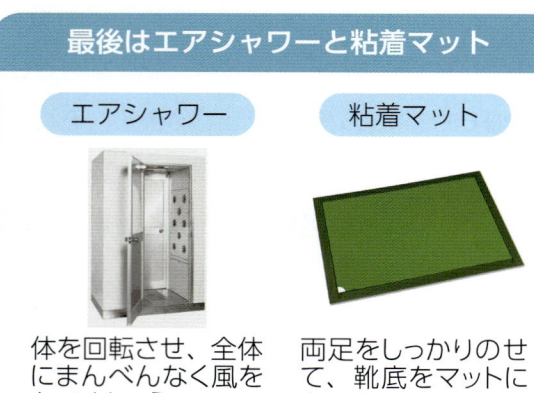

- エアシャワー：体を回転させ、全体にまんべんなく風をあてましょう。
- 粘着マット：両足をしっかりのせて、靴底をマットにあてましょう。

> **Point** 毛髪を場内に持ち込まない対策を確認しましょう。
> ・対策は家からスタート
> ・ひとつひとつを正しく行うことの意味

場内に持ち込まないために行うこと　　図表2-50

　毛髪混入対策の第一は「持ち込まない」ことです。そもそも工場内に毛髪が存在しなければ、混入することはありません。まずは持ち込まないための対策を行う必要があるのです。そのために対策すべきことを、作業従事者の行動に沿って考えていきましょう。

●家での対策

　毛髪混入対策の第一歩は、作業従事者の家から始まります。抜けてしまった毛髪や、抜けかけている毛髪を工場に持ち込まないために、毎日の洗髪・ブラッシングを心がけましょう。ブラッシングのあとには服をはらって、抜けた髪を落としておきます。

●入場前の身だしなみチェック

　身だしなみのチェックでは、帽子のすき間から髪がはみ出ていないか、よく確認します。毛髪は鏡に30〜50cmくらいまで近づかないと見えないので、注意が必要です。

　また、作業着のほつれがないか、袖や裾にゆるみがないか、帽子のえりが上着の下に入っているか、上着のファスナーが上まで閉められているか、上着の裾がズボンの中に入っているかなどの確認が必要です。思いもよらないすき間から、体毛・頭髪などの毛髪はこぼれることがあります。

●正しい粘着ローラーがけ

　作業場への入場前には、粘着ローラーで体についている毛髪などを取り除きます。その際には、頭から足に向けて、上から下へと順々にローラーをかけます。また、シワになっている部分、背中、首まわりなど、かけもらしやすい場所は、意識して入念に粘着ローラーをかけるようにします。場合によっては、背中などローラーがけしにくいところを2人1組でお互いにかけ合うのもよいでしょう。粘着ローラーを使い終わったら、粘着シートをはがしておくようにします。

●エアシャワーはまんべんなく

　入場前にエアシャワーを通過することで、体に付着した毛髪などを除去します。しかし、エアシャワーは毛髪を取り除くことが目的の機械ではないため、ただじっとしているだけでは毛髪は除去されません。エアシャワーの中では体を回転させて、体全体にまんべんなく風があたるようにします。さらに、手で体をはたきながら、エアシャワーが毛髪を除去する手助けをする必要もあります。手動開閉型のエアシャワーでは風が完全に止まってから扉を開け、エアシャワー内に落ちている毛髪を場内に吹き入れないよう気をつけましょう。

　靴底の毛髪を除去するために粘着マットなどを設置している場合には、しっかりと両足をのせて、靴底の毛髪を除去します。

毛髪混入防止のためにすべきこと②

毛髪対策の3原則　②発生させない

図表2-51　工場内での着帽不適率の変化

	毛髪のはみ出し（%）	着帽の不良・不適（%）
製造開始前	8	18
午前製造中	20	35
昼休み休憩後	15	40
午後製造中	31	45

着帽がきちんとできていないケースはひじょうに多い。
毛髪のはみ出し、帽子のずれに注意!!

図表2-52　毛髪が落下しやすい動作

- **前かがみ**のしぐさが多い（製品上に覆いかぶさる、タンク内をのぞくなど）
- 作業中に**動きまわる**機会が多い
- 製品や機械周辺を**行き来する**人の頻度・量が多い
- 作業中の**動きが荒い**（走るなど）
- 製品や包材、機械備品などを**雑に取り扱う**
- 原料や包材を抱えるなど**大きな動きの作業**がある
- **帽子や作業着に手を触れる**ことが多い

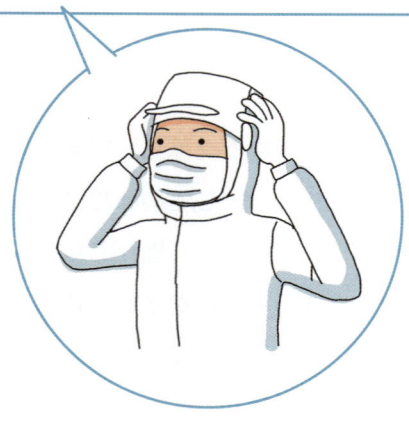

これらの動作を完全になくすことは難しいので、身だしなみチェックを定期的に行い（2時間に1回程度）、同時にローラーがけなどを行うことも有効な対策になります

2　異物混入対策 ▶ 毛髪対策

 毛髪を場内で落とさない対策を確認しましょう。
・帽子の選定はひじょうに重要
・毛髪を落としやすい行動を意識

帽子・作業着の重要さ　　　図表2-51

　工場内で毛髪の落下を防止するには、おもに帽子・作業着で対策します。帽子・作業着に要求される毛髪落下対策の機能は次の2点です。
・毛髪（体毛を含む）をすき間なく覆うこと
・顔、すそ、袖口、胸元などの開口部にも落下防止を図ること
　これらの点を満足させるため、さまざまなデザインや素材のヘアネット、頭巾型帽子などが食品製造者向けに販売されています。しかし、すき間からの毛髪落下をおそれるあまり過剰なフィット感（締めつけ感）のある帽子を選んでしまうことで、かゆみや圧迫痛などからつい帽子を手で触ってしまい、生じたすき間から毛髪落下が起きるというケースもあります。特に帽子に関しては、従事者に合ったサイズを選定することが重要です。大きすぎても小さすぎてもよくありません。大きすぎるとずれやすく、小さすぎると頭髪のはみ出しが起きます。管理者は各従事者に合った帽子・作業着を用意し、正しい着用方法を教育するとともに、身体に合わない場合に従事者が申告しやすいようにしてください。

毛髪が落下しやすい行動　　　図表2-52

　毛髪を「落とさない」ためには、工場内での動作にも注意が必要です。図表2-52のような動作は特に毛髪が落下しやすいことを覚えておき、できるだけそのような行動は避け、必要があってそうする時には髪を落としやすい動作であることを意識して行いましょう。

● **ラインに覆いかぶさる動作**⇒毛髪の製品への混入に直結します。体をのばしてラインの反対側にある道具を取るような動作は特に危険なので、面倒でもラインは迂回しましょう。どうしてもラインに覆いかぶさる必要がある時は、大きい動きを避けるようにします。

● **激しい動作**⇒走ったり、急いで動くなど大ざっぱな動きをすると、せっかく正しく着用した帽子や作業着が動いてしまいます。着衣がずれてすき間ができ、そして今度は激しい動きのせいで、そのすき間から毛髪などが落下します。急いでいたり、イライラしていたりする時でも、常に落ち着いた行動を心がけるようにします。

● **帽子や作業着に触れる動作**⇒帽子や作業着に触れると、激しい動作同様に帽子や作業着がずれたり、すき間から毛髪が落ちたりしてしまいます。管理者は不必要に帽子や作業着に触れないことを教え、場合によっては帽子を脱いでもよい場所、一時的に帽子に触れてもよい場所などを設けることも考えましょう。

毛髪混入防止のためにすべきこと③

毛髪対策の3原則　③入れない

図表 2-53　毛髪が混入しやすい状況

- 重要区域の管理区分が不適当
- 作業動線が交錯している
- 作業者の密度が高い
- 製造機械が複雑で清掃しにくい
- 作業場内の上下の移動が多い
- 製造機械が入場口に近い
- 休憩やユーティリティの場所が近い
- ライン付近に気流の吹き込みがある、吹きだまりができる
- 冷蔵庫の冷気が製品に吹きかかる
- 製品や包材の扱いが雑
- 場内の整理整とんが不十分

図表 2-54　清掃時のチェックポイント

工場で見落としやすい箇所

- 包材庫
  （例：包材庫の清掃担当者が決まっていない）
- 包材やラベルを入れる容器
  （例：ラベル入れのボックス内にホコリや毛髪がたまっていた）
- 荷物を運ぶ台車の上
  （例：包材を運搬する台車の上が清掃されていなかった）
- 工具置き場
  （例：工具を使おうとしたらホコリがついていた）

など

一見きれいに見えても清掃頻度が低かったり、清掃していなかったりすることがある。
毛髪は落ちていても気づきにくいので注意が必要

ここがたいせつ

- 製品に直接触れるもの（包材、ヘラなど）がある場所はまめに清掃する。
- 粘着ローラー、フローリングワイパーなど、ホコリや毛髪を巻き上げない清掃道具を使用する。

2 異物混入対策 ▶ 毛髪対策

Point 毛髪を製品に入れない対策を確認しましょう。
・自工場の弱点を診断
・清掃が最もたいせつな基本

製造ラインの対策　　　　　　　　　　　　　　　　　　　　　図表2-53

　毛髪が混入しやすい製造ラインの状況について考えてみます。

　まず、製造ラインと人の動線との関係が重要です。①持ち込まない　②発生させない　を実施しても、作業者が動くことで若干とはいえ毛髪が落下するリスクはあります。落下した毛髪を舞い上げる大きな動きや素早い動きは、できる限り少なくすることが必要です。特に製造ライン付近で従事者の動きが大きくなるようなラインの設計は、潜在的に毛髪混入リスクが高いといえます。

　製造に関わる従事者の配置が不適切で、従事者が密集していたり、通常の作業にも関わらず急いで移動しなければならないなどの状況が観察されたら、改善を検討してください。ステップや階段などの昇降の動作も、毛髪が落下したり舞い上がったりしやすいので、製品や仕掛品の近くになるべく設けないよう考慮しましょう。

　次に気をつける必要があるのが、落下毛髪の舞い上がりです。従事者の入場口付近には落下毛髪が多い傾向があります。また、空調や冷蔵庫の吹き出し口などの、気流が発生する箇所にも注意が必要です。これらの場所には製品や仕掛品を置かないようにしましょう。

　製品や仕掛品ばかりでなく、包材も清潔に扱う必要があります。せっかく製品を清潔に仕上げても、包材に毛髪が付着していては意味がありません。包材も製品も同様の扱いをします。

清掃の重要さ　　　　　　　　　　　　　　　　　　　　　　　図表2-54

　「持ち込まない」「発生させない」対策をすり抜けて場内に落下してしまった毛髪は、完全に除去しておく必要があります。そのためにたいせつなのが清掃です。清掃がゆき届かないと、落下した毛髪が原料や包材、器具などに付着して、混入につながる危険が増してしまいます。

　きちんと清掃するためには、ある程度ルールを設けることも必要です（→ p.116）。運搬用の道具、保管用の容器の中あるいは包材庫、工具置き場にいたるまで、どれくらいの頻度で何を使って誰がどのように清掃するか、ひとつひとつ細かく決めて実施できているかどうか、一度清掃計画を見直してみましょう。

毛髪対策の状況・効果の確認
毛髪対策の検証と調査

図表2-55　毛髪対策検証調査の目的と方法

3原則	ルールの実施状況の検証	危険な行動の有無のチェック	落下毛髪の採取
①持ち込まない	・帽子・作業着の着用状態 ・入場手順	・帽子・作業着の乱れ	・製造室 ・更衣室 ・休憩室 ・前室 ・通路 など
②発生させない		・製造ライン付近での大きな動作 ・帽子を触る	
③入れない	・製品の取扱い（製品の配置、動線） ・5S（→p.110〜）特に清掃方法と実施状況		
全般	・教育訓練（ルールおよび毛髪対策への理解） ・定期点検の実施状況		

⚠ 3原則の実施状況と効果を確認し、弱点を明確にします。

図表2-56　着帽状況の調査結果の一例

施設	対象者	内容					
		ネット帽子のずれ・ゆるみ	毛髪のはみ出し	ネットの耳出し	帽子の損傷	首もとのゆるみ
製造室	130（人）	19	36	51	16	15
	100（％）	14.6	27.7	39.2	44.4	11.5

⚠ 調べてみなければわからない！

図表2-57　製造室内で毛が落ちていることが多い箇所の例

- ☑ 排水溝の縁・排水ますの中
- ☑ 清掃用具やその保管庫内
- ☑ 作業中のラインの下
- ☑ 往来の多い扉の付近
- ☑ 製造機械の下や足まわり
- ☑ 仕掛品や原料の一時保管場所
- ☑ 部屋の隅（清掃不足箇所）

> 落下毛髪を採取調査する際には、毛髪が落ちていることの多い箇所で採取することが重要です。

毛髪対策検証調査は厳密に数値を比較することが目的ではないので、採取対象面積は工場の状況にあわせて目安として設定します（1m²など）。

2 異物混入対策 ▶ 毛髪対策

Point 毛髪対策の状況と効果を確認しましょう。
・自社の毛髪対策の評価方法
・落下毛髪の採取調査の注意点

毛髪対策の評価方法

　毛髪対策を実施していても毛髪混入が減らない場合、毛髪対策の3原則に沿って調査（毛髪対策検証調査）を行い、毛髪対策を総合的に評価することで原因がみえてきます。全従事者がルールを理解して実行できる状態が目標です。できていないルールに追加して、さらに新しいルールを設けることは避けるべきです。

　調査結果は従事者教育にも活用します。調査結果をもとに、従事者にルールの目的と必要性を理解してもらい、積極的に協力する姿勢が生まれるように教育します。

毛髪対策検証調査の具体的な方法　　　　　　　　　　　　図表2-55、図表2-56

　毛髪対策の状況と効果を確認する調査は、大きく3つの方法で行います。(1) ルールの実施状況の検証　(2) 危険な行動の有無のチェック　(3) 落下毛髪の採取　です。

　効果的なのは、全従事者の状況を確認することです。入場時にルール通りに帽子・作業着が着用できているか、毛髪除去対策ができているかなど、全数調査をすることで、工場の状況がより具体的に浮き彫りになります。工場側では90％以上できていると思っていたルールが、じつは50％以下の実施率であった…などといったことは、よくある事例です。

落下毛髪の採取調査　　　　　　　　　　　　　　　　　　　　　　図表2-57

　工場内に落下している毛髪の状態や分布を調べることで、場内の毛髪の管理状況だけでなく、着衣着帽の様子など、目視だけではわからないいろいろな情報を得られます。そのためには、フローリング用粘着ローラー、掃除機、フローリング用ワイパーなどの道具を使い、施設内に落ちている毛髪を採取します。粘着ローラーは、手軽にできることと、サンプルの扱いや管理が容易であることから、よく採用されています。ウエットのラインでは、排水溝の泥を採取し、その中の毛髪を調査するやり方もあります。

　落下毛髪調査は毛髪を採取することが目的なので、採取の際には、人の多いところ、人目につかないものの下などからも、しっかり採取しましょう。工場内の毛髪の落下量には場所によって差があります。毛髪が少ないところでばかり採取すると実際の工場の状況とは異なる結果が出てしまうので、見逃しのないようにしっかりチェックしましょう。

絶対避けたい硬質異物混入
硬質異物がこわい理由

図表 2-58 食品衛生法による異物の扱い

> **第2章　食品及び添加物**
> 〔不衛生な食品又は添加物の販売等の禁止〕
> 第6条　次に掲げる食品又は添加物は、これを販売し（不特定又は多数の者に授与する販売以外の場合を含む。以下同じ。）、又は販売の用に供するために、採取し、製造し、輸入し、加工し、使用し、調理し、貯蔵し、若しくは陳列してはならない。
> 一　腐敗し、若しくは変敗したもの又は未熟であるもの。ただし、一般に人の健康を損なうおそれがなく飲食に適すると認められているものは、この限りでない。
> 二　有毒な、若しくは有害な物質が含まれ、若しくは付着し、又はこれらの疑いがあるもの。ただし、人の健康を損なうおそれがない場合として厚生労働大臣が定める場合においては、この限りでない。
> 三　病原微生物により汚染され、又はその疑いがあり、人の健康を損なうおそれがあるもの。
> 四　不潔、**異物の混入**又は添加その他の事由により、人の健康を損なうおそれがあるもの。

図表 2-59　こわい硬質異物の例

図表 2-60　食品製造現場に存在する金属の例

Point 硬質異物の特徴と危険性を理解しましょう。

・硬質異物の混入は健康被害に直結
・硬質異物混入防止の難しさ

混入異物における硬質異物の位置づけ　　　図表2-58

　異物のなかでも特に注意すべきものとして、硬い物質、いわゆる硬質異物があげられます。たとえばやわらかい毛髪ならば消費者離れなどの影響はあっても、消費者の直接的な健康被害はほとんどないといえます。しかし金属片など硬質の異物は、喫食時に口を切る、歯を損傷するなどの健康被害を生じさせることが考えられます。そのため影響はひじょうに大きいものとなります。

　食品衛生法では異物の混入その他の事由により人の健康を損なうおそれがある食品の販売等を禁止しており、硬質異物の混入はあってはならないものです。硬質異物が混入した可能性のある製品を複数出荷してしまった場合には、商品回収が必要になります。

硬質異物混入防止の難しさ　　　図表2-59、図表2-60

　硬質異物の例として、金属片、ガラス片や樹脂片、木片などがあげられます。食品工場ではさまざまな硬質異物対策をとっています。たとえばガラスであれば飛散防止フィルムを貼る、飛散防止ランプにする、割れない材質の鏡にする、ガラス器具を使わない、などの対応によりガラスの存在そのものを減らしたり、破損の可能性を限りなく少なくしています。

　一方で排除できないものもあります。製造ラインや機器はほとんどが金属性です。しかし金属製品にはネジの脱落やパーツの破損などが起きやすいという面もあります。金属を製造場内から排除することは不可能であるため、点検やメンテナンスで混入を予防し、万一の混入を想定して金属検出機も併用してチェックをします。

　硬質異物対策の原則は、①**入れない**　②**持ち込まない**　③**取り除く**の3つです。機器やパーツの脱落・破損は未然に防ぐことが大前提です。そして「入れない」管理を徹底したら、それ以外のものを場内に「持ち込まない」管理が必要になります。

　さらに「取り除く」管理もたいせつです。製造前に原材料から取り除く、あるいは万一を念頭に製品をチェックすることが必要で、「取り除く」管理は硬質異物対策の最後のとりでとして、最も重要な管理と位置づけられています。

硬質異物の混入状況
混入が多い硬質異物と食品

図表 2-61　異物検査鑑定依頼物内訳（2014年　31,590件中）

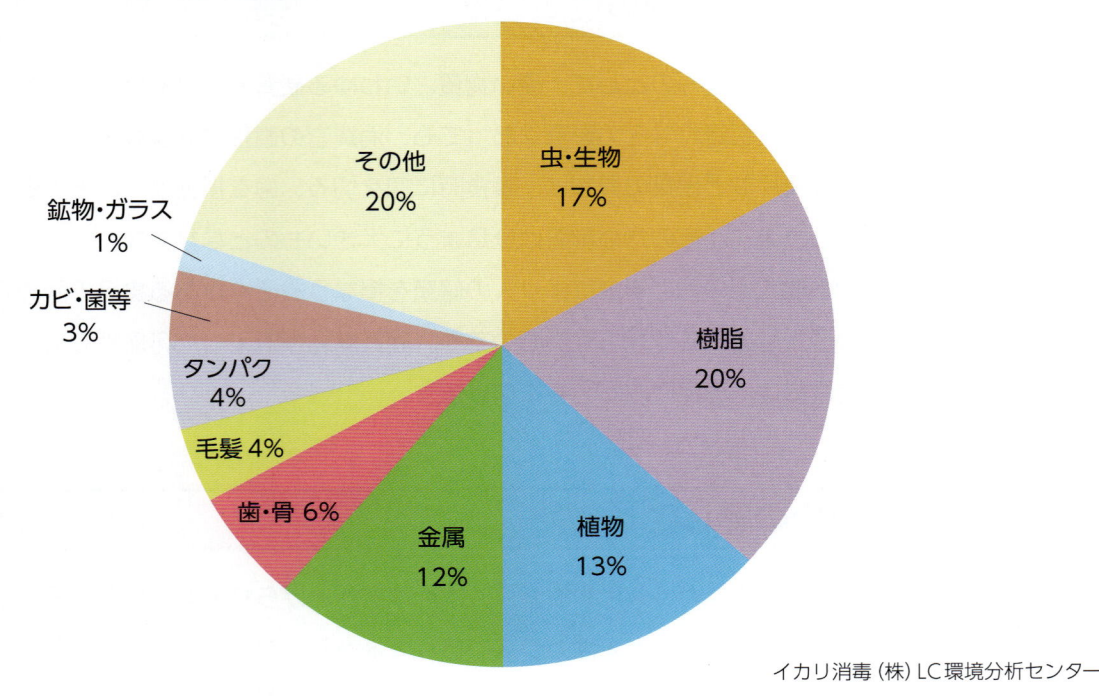

イカリ消毒（株）LC環境分析センター

図表 2-62　金属混入異物の割合と推移

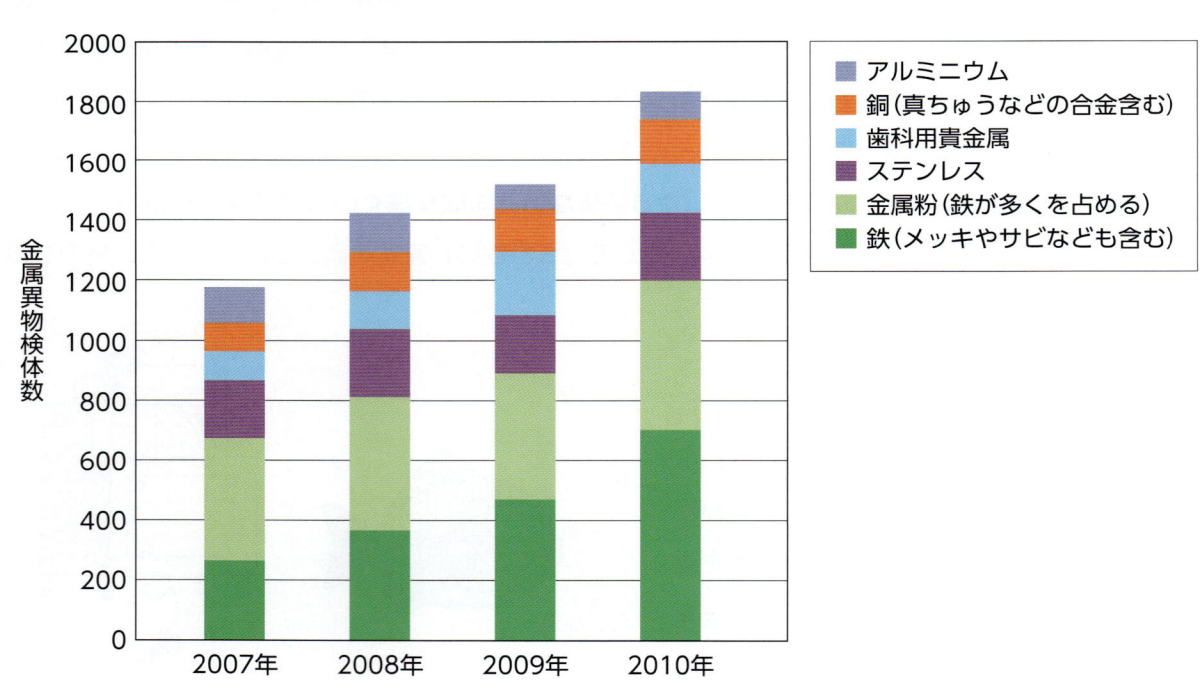

イカリ消毒（株）LC環境分析センター

Point 混入しやすい硬質異物を知っておきましょう。

・混入が多い硬質異物と、混入する金属の特徴
・硬質異物の混入が多い食品

混入が多い硬質異物

図表2-61、図表2-62

硬質異物の混入対策を考える前に、実際に食品にどのようなものが混入しているのかを知っておくと、対策のイメージがわきやすくなるでしょう。

2014年にイカリ消毒㈱に鑑定依頼された硬質異物には、硬質樹脂、金属、歯、骨、石、ガラスなどがあります。硬質異物は、混入異物全体の20〜40％程度を占めています（樹脂にはビニール片等の軟質異物も多いため）。

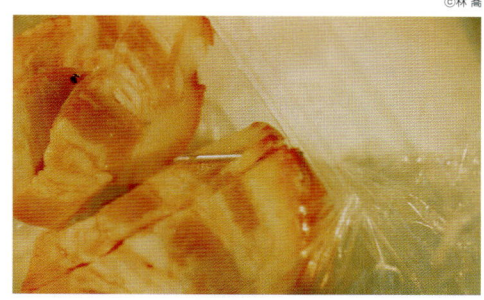
焼き豚に混入した家畜用注射針

また、混入した金属のなかで最も多いのは鉄であり、そのうちのほとんどをじつはサビが占めています。サビはネジやパーツの脱落の原因ともなっているようです。

金属粉も、材質は鉄であることが多く、製造機器どうしの接触による摩耗がおもな原因であることが多いです。金属粉自体による健康被害は考えにくいですが、変色した金属粉が食品中の異物として認識されるため、問題となります。混入時に目視や金属検出機での発見がしにくいことから、管理が難しい硬質異物の代表格といえます。

一方、ステンレスでは、粒状の削りカスや金属たわしが多くを占めています。金属たわしは、食品工場で使用されることはほとんどありませんが、飲食店では多く使用されています。

硬質異物の混入が多い食品

硬質異物はさまざまな食品での混入事例があり、特に際立った特徴はありません。ただ、飲料など液体製品への混入はひじょうに少ないといえます。液体製品の工程中には異物除去のためのストレーナーが設けられており、仮に異物が混入しても濾過されるのがその理由です。これは硬質異物だけに限りません。

一方で、キャラメルやガムなど粘度が高い食品では、消費者自身の歯の被せものなどがはずれやすく、消費者のカン違いによる異物混入苦情が多い（しかし実際には異物混入ではない）という特徴があります。

量販店に寄せられた歯および被せものの混入苦情

硬質異物混入の防止策
①「入れない」管理　②「持ち込まない」管理

図表 2-63　始終業点検表の例

施設・機械・器具		内容・基準	始業前確認		終業時確認		状況・改善処置
			評価	実施者	評価	実施者	
製造室	蒸練機	損傷・破損がないこと					
		汚れ・残さがないこと					
		異音がないこと					
	ニーダー(小)	損傷・破損がないこと					
		汚れ・残さがないこと					
		異音がないこと					
	ニーダー(大)	損傷・破損がないこと					
		汚れ・残さがないこと					
		異音がないこと					
	洗米機	損傷・破損がないこと					
		汚れ・残さがないこと					
		異音がないこと					
	浸漬タンク	損傷・破損がないこと					
		汚れ・残さがないこと					
	ミキサー	損傷・破損がないこと					
		汚れ・残さがないこと					
		異音がないこと					

- 始業前確認で混入防止
- 終業時確認で製品の出荷止め

図表 2-64　「入れない」管理

整理整とんによる管理すべきものの明確化
- 製造場内に不要なものが多いと、何かがなくなっても気づかない
- 本来管理すべきものの管理が、ゆき届きにくくなる
- 現場が乱雑だと少しの異常に気づく感性が鈍ってくる

定期的なメンテナンスによる破損の防止
- 定期的な点検やパーツの交換により機器の破損を防止する

日々の点検による、破損や脱落などの異常の察知
- 始業前確認により問題がないことを確認してから製造がスタートできる
- 終業時確認により問題の発生を速やかに把握し、影響のある製品への処置が施せる

異物になりにくい物品の選定
- 破損時に飛散しない樹脂性ボールペンなど、異物混入の防止に配慮した製品で管理を助ける

図表 2-65　「持ち込まない」管理

作業者や外来者による物品の持ち込み制限
- 「工場支給品以外は持ち込まない」など、ルールを明確にする
- ルール以外の物品の持ち込みが必要ならば、事前に書き出して明確にする

工事時の養生と後処理
- 工事業者には、社内の使用・持ち込み禁止ルールを理解してもらう
- 製造ラインはしっかりと養生し、切り粉などが入らないようにカバーする
- 工事終了後には必ず立ち会い、異常の有無を確認する

原材料メーカーへの定期査察（硬質異物対策の状況把握と指導・助言）
- 原材料メーカーで取り組んでいる異物対策を確認する
- 自社でのノウハウをアドバイスしながら、気になった点は協議する

原材料から発見された硬質異物の情報伝達と対応策の協議
- 原材料から異物が発見された場合には、速やかにその情報を原材料メーカーへフィードバックし、対応策を協議する。この積み重ねが原材料への異物混入防止につながっていく

上記の結果などを勘案した、原材料や原材料メーカーの選択と評価
- 原材料由来の異物の有無、日頃の異物対策の状況、問題発生時の対応の適切性やスピードなどを勘案して、原材料やそのメーカーを評価する

2 異物混入対策 ▶ 硬質異物対策

 Point 硬質異物を入れない・持ち込まない対策を考えましょう。

- 「入れない」ための管理
- 「持ち込まない」ための管理

硬質異物を「入れない」管理   図表2-64

　硬質異物対策も「入れない」「持ち込まない」「取り除く」の「異物混入防止の3原則」を適用して考えていくと管理がしやすくなります。

　食品製造機器や食品を取り扱う器具類には、耐久性や洗浄のしやすさなどから樹脂や金属が使用されています。これらは衝撃による破損や、組みつけ部のゆるみによるパーツの脱落など、混入の原因となる可能性が、ゼロではありません。

　混入を防ぐためには、破損防止に加え、万一の破損時にもすぐに発見し、処置を施す対策が重要です。混入した異物の除去は困難であることが多いため、この「入れない」管理は極めて重要な管理といえます。「入れない」ためには次のようなことを行います。

- 整理整とんによる管理すべき機器・物品の明確化
- 定期的なメンテナンスによる破損の防止
- 日々の点検による、機器の破損やネジの脱落などの異常の察知
- 異物になりにくい物品の選定　　など

ネジ抜けマーキングの例
開閉のしやすさなどを考慮して意図的にネジをはずしておくような場合には、ネジ部に×印をつけておくと、もとからネジがなかったのか、突発的に脱落したのか、判断しやすい

硬質異物を「持ち込まない」管理   図表2-65

　そもそも製造室に硬質異物の原因となるものを持ち込まないことが重要です。従事者はもとより、外来者も含めた、一切の例外を認めない持ち込み物の管理が必要です。

　また工事などで使用するものや、工事によって発生するものもあるので、その時には次のようにして対処を明確にしておきます。

- 作業者や外来者による物品の持ち込みを制限する
- 工事時の養生と後処理を確実に行う

　原材料に硬質異物が混入していると、後に排除する管理が必要になります。たとえば次のようにして「原材料とともに硬質異物を持ち込まない管理」を原材料メーカーと協力しながら行うことも必要でしょう。

- 原材料メーカーへの定期査察（硬質異物対策の状況把握と指導・助言）
- 原材料から発見された硬質異物の情報伝達と対応策の協議
- 上記の結果などを勘案した、原材料や原材料メーカーの選択と評価

製造室にものを
持ち込まない、持ち込ませない

硬質異物の除去①
③「取り除く」管理・金属検出機の特徴

図表 2-66　金属検出機とその仕組み（同軸形の場合）

図表 2-67　金属の通過位置による検出感度の違い（同軸形の場合）

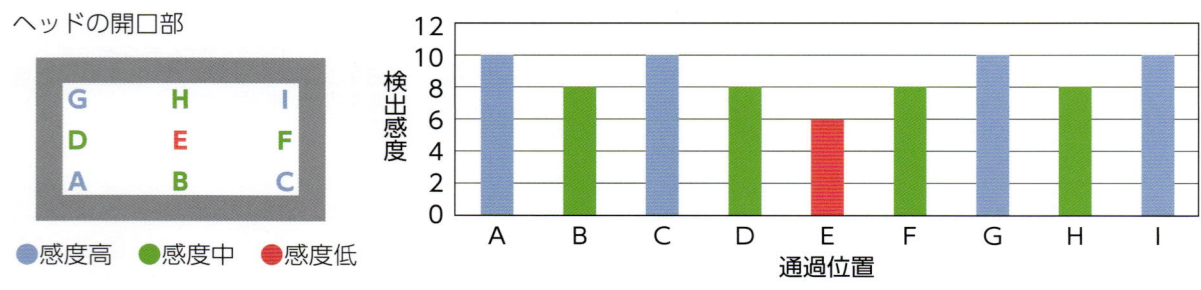

図表 2-68　動作テストの方法

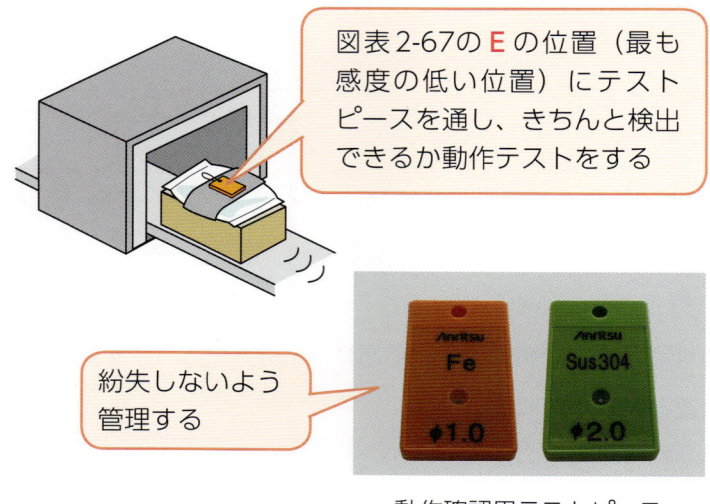

図表 2-69　金属検出機による非磁性金属の金属別検出感度

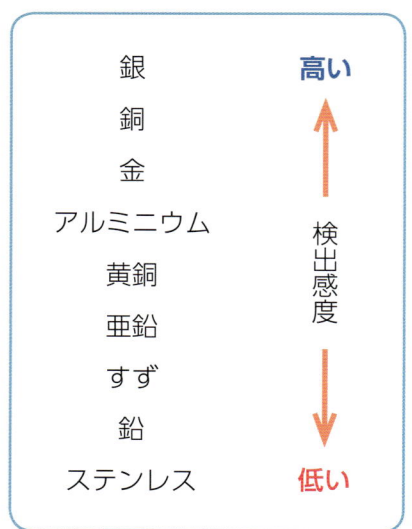

2 異物混入対策 ▶ 硬質異物対策

Point 金属検出機の特徴を理解しましょう。

・「取り除く」ための管理とは
・金属検出機の仕組みと特徴

「取り除く」管理の重要性

　異物混入防止の基本は「入れない」「持ち込まない」管理ですが、加えて重要になるのが「取り除く」管理です。方法としては、ふるいやストレーナー、金属の特性を利用した金属検出機やマグネット、X線異物検出機（→ p.86）などを使用するのが一般的です。これらが適用できない製品・工程であるならば、「入れない」「持ち込まない」管理をより一層徹底する必要があります。

金属検出機の特徴　　　　　　　　　　　　　　　　　　　　図表2-66、図表2-67

　図表 2-66 は食品工場で使用されている代表的な金属検出機です。トンネル状の検出ヘッドの中に検査品を通し、金属を検出します。ヘッドの内部には磁界がつくられており、もし金属が通過するとその磁界が乱れます。その乱れをもとに金属を検出しています。そのため、チルド食品などの包材に金属（アルミ）が蒸着されていると、包材の影響で内部の金属の検出の感度が低下したり、検出そのものができなくなったりします。アルミ箔包装製品に対応した金属検出機も存在しますが、最近ではアルミ箔包装製品に対してはX線異物検出機が多く使われるようになっています。

　製品を通過させるヘッド内は、通過箇所により検出感度に違いがあるので注意が必要です。同軸形の金属検出機ではトンネル状になったヘッド内の中央部が最も検出感度が低いため、金属検出機の動作確認の際には、製品に取りつけたテストピースがその中心部分を通過するようにセットして、反応を確かめるようにします。

　また、金属異物の形状の違いによる検出感度の差も理解しておく必要があります。球のようにどの角度から見ても同じ形状であれば検出結果に影響はありません。一方で針金など細長い形状の金属は、角度によって磁界を乱す度合いがかなり異なってきます。製品中に混入した角度によっては検出されないこともあるので注意が必要です。

　アルミ箔包装製品用以外の金属検出機はすべての金属を検出できますが、非磁性金属では検出感度に差があります（図表 2-69）。また、塩分の高い検査品では磁界変化が大きくなり、検出感度は低くなります。冷凍食品では温度が低いほど感度が高いので、冷凍状態を維持する必要があります。

　金属検出機は非磁性のステンレスなどの検出を苦手としますが、これらはX線異物検出機がよく検出します。検出原理が異なるため、金属検出機やX線異物検出機の異物検出機能にはそれぞれの特徴や差異があります。目的や用途に応じ、使い分けるようにするとよいでしょう。

硬質異物の除去②
③「取り除く」管理・X線異物検出機の特徴

図表 2-70　X線異物検出機とその仕組み

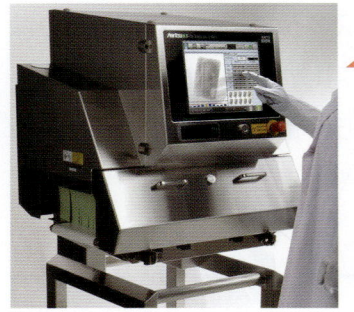

X線異物検出機

写真提供：アンリツインフィビス（株）

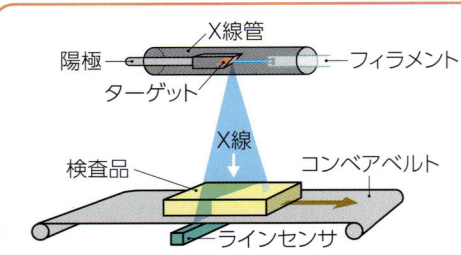

① X線管でX線を発生させ検査品に照射
② 透過したX線をラインセンサで受けて画像（電気信号）化
③ フィルタなどで画像分析を行い、異物を検出

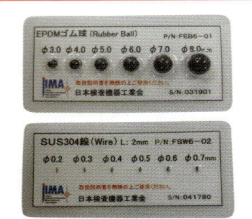

動作確認用テストピース

ゴム、ガラス（石英）、ステンレスなどのテストピースのうち、混入のおそれが予測されるものを選んでテストをします

図表 2-71　X線異物検出機と金属検出機の比較表

項　目	X線異物検出機		金属検出機	
検出可能な異物の種類	金属、石、ガラス、貝殻、硬質プラスチックなど多種多様	○	金属のみ	△
金属の検出感度	比重が大きいほど高感度で検出。鉄、ステンレスともに検出感度が高い	○	鉄などの磁性金属を高感度で検出。ステンレス等の非磁性金属は検出感度が低い	△
ウエット品での異物検出感度	X線透過量は含有塩分量に左右されないため、検出感度が高い	○	塩分が多いほど被検査物による磁界変化が大きいため、検出感度が低い	△
冷凍食品での異物検出感度	X線透過量が温度に左右されないため検出感度が高い。完全冷凍より、氷などの塊やエッジがとけているもののほうが高感度傾向	○	完全冷凍での被検査物による磁界変化はほとんどなく高感度だが、とけた場合は磁界変化が大きくなるため低感度	△
薄い金属片などの異物	厚みが0.1mm程度の金属はX線の吸収量が少ないため検出不可の場合も多い	△	厚みが0.1mm程度の金属であっても、磁界の変化が起きるので検出する	○
アルミ包材品での異物検出感度	X線透過量はアルミ包材にほとんど左右されないため、鉄、ステンレスともに検出感度が高い	○	アルミ包材による磁界の変化がひじょうに大きいため、ステンレスなどの非磁性金属はほとんど検出できない	△
機械の大きさ	外部へのX線漏えいを防止する構造のために大きくなる。0.8～2m程度	△	磁界は人体に影響を及ぼさないのでコンパクト化も可能。0.5～1m程度	○
費　用	高額な部品が組み込まれており、本体価格が高価。使用時間に応じて劣化していく消耗部品費も年間数十万～百数十万円必要	△	本体には高額な部品が少なく、X線異物検出機に比べれば安価。高額消耗部品がなく、メンテナンス費用もあまりかからない	○

図表 2-72　日常生活で浴びている放射線量

X線異物検出機
0.001mSv以下/時

胸部X線
0.05mSv/回

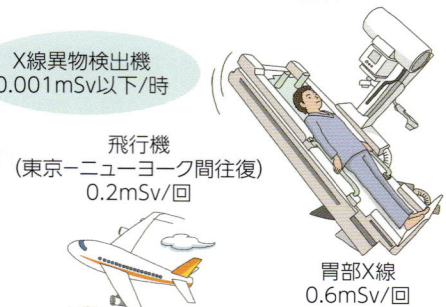

飛行機（東京－ニューヨーク間往復）
0.2mSv/回

胃部X線
0.6mSv/回

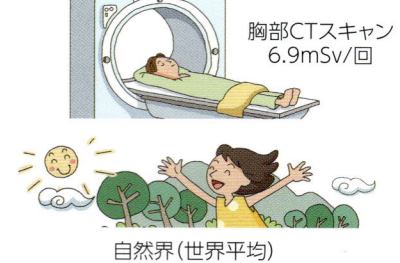

胸部CTスキャン
6.9mSv/回

インドの一地方
28.1mSv/年

自然界（世界平均）
2.4mSv/年

※Sv（シーベルト）＝人体が影響を受ける線量を表す単位
出典：2000年国連科学委員会報告、資源エネルギー庁「原子力2010」
文部科学省「放射線等に関する副読本」ほか

Point X線異物検出機の特徴を理解しましょう。
- X線異物検出機と金属検出機の差異
- X線異物検出機の仕組みと特徴

X線異物検出機と金属検出機のちがい

図表2-70、図表2-71

X線異物検出機は、製品にX線を照射し、透過したX線量をもとに透過画像を作成することで異物を検出します。画像の解析によって、異物の有無のほかに内容物の形状の違いや内容量の過不足などもあわせて検査することができます。

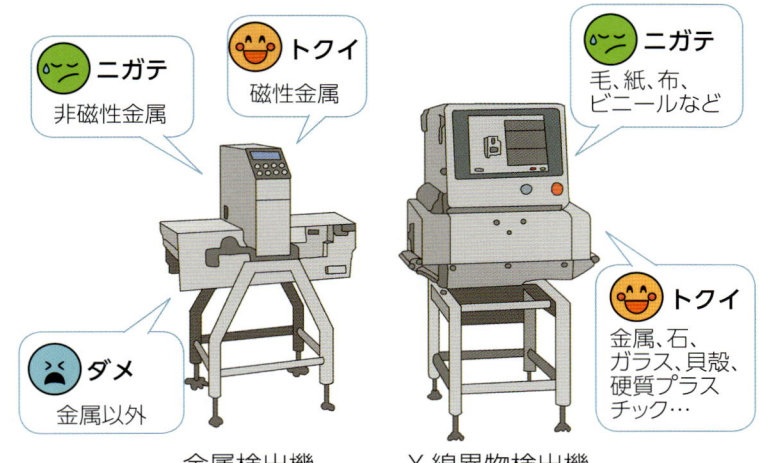

金属検出機　　X線異物検出機

X線異物検出機と金属検出機にはそれぞれ検出が得意なものと苦手なものとがあるので（図表 2-71）、目的や用途、混入頻度の高い異物などを考慮して使い分けるようにします。X線異物検出機は金属以外の異物についても感知します。比重の大きいものの感知を特に得意としガラスや石などをよく検出しますが、一方で比重の小さい毛や紙、布、ビニールなどについては感知レベルが低く検出は苦手です。

X線異物検出機にはX線発生源やX線センサーなど高額な部品が多く、金属検出機に比べ初期費用が高価です。さらに、X線発生源のX線管やX線検出器内の検出素子などは使用のたびに劣化する消耗部品なので、メンテナンス費用も高額になります。

X線異物検出機の取扱い

図表2-72

X線異物検出機にはさまざまな部分に安全装置が設けられています。遮へいカバーや漏えい防止カーテンなどによりX線の漏えいがほとんどない設計になっているので、取扱いのための特別な資格の必要がなく、誰でも操作することができます。

私たちは、毎日の生活で1年間に2.4mSvの放射線を浴びています。この数値は地域によって異なり、インドの一地方では1年間に28.1mSvの放射線を浴びているという測定結果があります。一方で、X線異物検出機の操作で作業者が浴びる可能性のあるX線の量は、1時間に0.001mSv以下という数値になっています。ただしこの数値は正しく使用するという前提に立ったものです。X線異物検出機は、勝手な分解や改造などを決して行わず、メーカーと保守契約点検などを結んで安全に使用するようにします。

工場内での簡易検査
迅速な簡易検査の理由と目的

図表3-1　簡易検査の手順

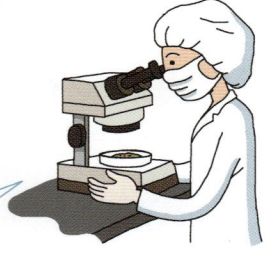

① **形態観察**
色、形、質感などの確認

見るだけではなく、可能ならば触って質感も確認する

② **水への反応**
形状・質感の変化、溶けるか否かの確認

③ **熱への反応（燃焼試験）**
燃え方やにおい、燃焼後の様子の確認

これらの方法で危険異物（ガラス、金属）か否かも見分けることが可能

図表3-2　主要な異物の簡易検査結果

異物	形態観察(実体顕微鏡※)	形態観察(生物顕微鏡※)	水への反応	熱への反応(燃焼試験)
植物片	葉、花などの形態が確認できることがある。	細胞構造が確認できる。植物特有の道管（水分の通り道）などが見られることもある。	軟化	変化あり
紙片	－	繊維状の構造が確認できる。再生紙の場合はさまざまな色の小片が混在している。	軟化	変化あり
カビ	－	菌糸や胞子などの構造が確認できる。	軟化	変化あり
毛髪	切断されていないものは、端に毛根と先細りした毛先がある。	毛髄質が確認できる（人毛にはない場合もある）。スンプ法で毛小皮（キューティクル）が確認でき、その形態で動物種の分類ができる。	ほとんど変化なし	変化あり。特有の燃焼臭を発する
骨	表面に線状などの模様がある。	－	変化なし（軟骨の場合は透明→白濁し軟化）	変化あり
爪	－	スンプ法で表面の細胞構造が確認できる。	ほとんど変化なし	変化あり。毛髪同様の特有の燃焼臭を発する
糞	複数個の場合、比較的共通した形態が見られる。	ほ乳類は体毛が、植食性昆虫は植物の破片が、捕食性昆虫は昆虫の破片が確認できる。	軟化	変化あり
合成樹脂	－	－	変化なし	材質による
金属	銀色などの金属光沢が見られることがある。	－	変化なし	変化なし
石	表面に数種類の鉱物の結晶が見られることがある。	－	変化なし	変化なし
ガラス	破断面に貝殻状の模様がある。	－	変化なし	変化なし
食品由来（コゲ、揚げカス）	鍋などに付着し長期間に形成されたコゲは、層状の構造が見られる場合がある。	食塩などの結晶が見られることがある。小麦・米製品などはデンプンが確認できることがある。	変化あり（炭化が進んだものは変化なし）	変化あり（炭化が進んだものは変化なし）

※実体顕微鏡、生物顕微鏡についてはp.91 参照

3 異物の検査（鑑定・同定）方法 ▶ 簡易的な異物検査の手法

> **Point** 簡易検査を行う理由と目的を理解しましょう。
> ・異物の鑑定を行う理由
> ・迅速な検査で緊急の度合いを判断

異物の検査とは

混入した異物が何であるかを特定するために行う検査のことを、鑑定（または同定）といいます（同定はおもに生物の分類を調べる時に使います）。

混入した異物の鑑定の目的は
- **対応の緊急性の有無の判断**
- **混入原因を調べるための情報収集**

の2点です。異物のリスクが大きいと判断される時には、急いで対応をとる必要があります。場合によっては、同一ロットに混入している可能性を考え、自主回収などを行うようになるかもしれません。

また、たとえば昆虫などの生物が混入した場合、その虫の種類を調べることで、工場内で発生している可能性が高いのか、たまたま工場外から迷い込んだのかなどの判断ができ、再発防止に役立ちます。

簡易検査の重要性

混入した異物のリスクが大きい場合には、すぐにも対応しなければなりません。そのため、異物の混入がわかった時には、状況の整理や緊急の度合い、トラブルの全容を把握するためにも、工場内で簡易検査を行います。簡便かつ迅速に検査を行い、異物が「どんなものか」判断できるような大まかなグループまでを分類します。

この時に注意すべきなのが、簡易検査を行う前に見た目だけの判断で、異物の申し出者に情報を伝えないことです。「プラスチックだと思う」と伝えたのに、「調べてみたらガラス片でした」などと、検査後に得られた情報のほうが危険・危害度が高かった場合、申し出者に大きな不信感をもたれたり、対応の方向性自体を誤らせたりする危険性があるからです。異物の申し出者に何かしら初期の回答をする時は、必ず簡易検査を行ってからにしましょう。

工場内での簡易検査

図表3-1、図表3-2

工場内での簡易検査は・**形態** ・**水への反応** ・**熱への反応** の観察がおもになります。

形態の観察では、実体顕微鏡や生物顕微鏡を用いて、色、形などを確認します。水への反応の観察では、水につけた時の形状や質感の変化、さらには水に溶けるかどうかをみます。熱への反応の観察では、燃えるか燃えないか、その時のにおいはどうか、燃焼後の様子はどうかなどを確認します。

簡易検査自体は、練習をしておけば、それほど難しいものではありません。

形態観察（外観の観察）
肉眼と顕微鏡での観察

図表3-3　形態観察の順序

観察とは
対象物の色、形、質感などを肉眼、実体顕微鏡で確認する方法。その際、想定できるものがあるかも考える。

いきなり細部から見ないように注意！

観察：肉眼 → 実体顕微鏡（→ p.91）→ 生物顕微鏡（→ p.91）

　最初に肉眼で観察し、その後生物顕微鏡で観察する

図表3-4　各異物の特徴

植物のようなものとは

形の特徴　：膜状、脈が見える（葉や花弁）、粒状（種など）、棒状（茎や枝）、枝分かれした繊維状（ひげや根）など
色の特徴　：緑（茎や葉など）、赤、黄、白（花や実など）、かっ色（木、根、枯れたものなど）

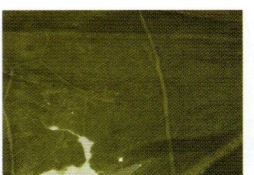
茶葉

麻の実

動物のようなものとは

形の特徴　：繊維が束になった様子、管状。魚介類の場合、黒い斑点模様が見えることがある
色の特徴　：多くはかっ色（血が関係している場合は赤味を帯びている）
質感の特徴：基本的に強い弾力を有する

鮭の身

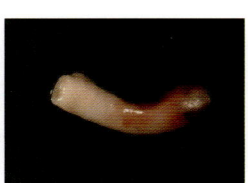
鶏の血管

樹脂のようなものとは

形の特徴　：フィルム状、成型されたあと、削れたようなものなど
色の特徴　：透明、人工的な色など
質感の特徴：硬いもので加圧すると傷がつく

食器容器の破片

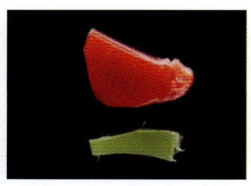
食器や日用品の破片

金属のようなものとは

形の特徴　：成型された破片、削れたようなものなど
色の特徴　：金属光沢がある銀色、銅色、金色
質感の特徴：硬い

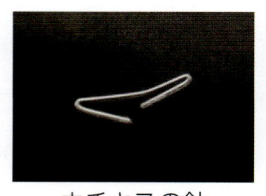
ホチキスの針

ファスナーの部品

3 異物の検査（鑑定・同定）方法 ▶ 簡易的な異物検査の手法

> **Point** 外観の観察の仕方を知っておきましょう。
> ・初めは必ず肉眼での観察からスタート
> ・各異物の特徴を知っておくことが大事

初めは肉眼で観察　　　　　　　　　　　　　　　　　　　図表3-3

　簡易検査の際に、まず初めにするのが外観の観察です。外観は必ず肉眼での観察から始めます。顕微鏡などで細部を観たくなるかもしれませんが、まずはそのものの雰囲気を見ることがたいせつです。

　色、形、質感はものの特徴を表します。硬さも大事な情報ですから、同時にピンセットなどで触れておきましょう。異物は身のまわりのものや製造ラインに由来するもの、原材料に由来するものなどがほとんどです。見た目の雰囲気を手がかりに、まずは似ているものと結びつけることが大事です。

　外観をよく見ずに生物顕微鏡観察だけをしたり、機器による分析だけを行うと、時に大きな間違いを犯すこともあります。緊急の度合いや検査方針を正しく導き出すためにも、外観の観察は重要なのです。

各異物の特徴　　　　　　　　　　　　　　　　　　　　　　図表3-4

　それぞれのものがもつ外観の特徴は大ざっぱではありますが、図表3-4のようになります。観察だけでは分類にあたりあいまいな部分が多いものもありますが、大事なのは危害性の高い異物（金属、ガラスなど）かどうかを判断することです。

　樹脂などの人工物は鮮やかな着色があったり、成型された面、角などがあるのが特徴です。

　金属はいわゆる金属光沢がポイントになります。また人工物ですので、成型された面、角などをもつことが多いです。

　植物や動物の破片はその部位により特徴はさまざまです。原材料などに使用されているものがあれば、それらを小片に切り取り、試しに観察したり触ったりしておくと検査の時に役立ちます。

　これらの特徴を把握し、異物が何であるかを推測します。検査作業はその推測を検証するための行為です。何度もやって経験を積めば、その推測はあまりはずれなくなってきます。なお、こういった能力を高めるためにも、工場内で異物になりそうなものを、日頃からよく観察しておくことがたいへん重要になります。

実体顕微鏡と生物顕微鏡

観察は実体顕微鏡と生物顕微鏡で実施します。双方の違いを紹介します。
- 実体顕微鏡
  観察対象をそのままの形で観察することのできる、比較的低倍率（20倍程度まで）の顕微鏡
- 生物顕微鏡
  観察対象のプレパラート標本を透過光で観察する、高倍率（2000倍程度まで）の顕微鏡

形態観察（昆虫）
観察からわかることとその対応

図表 3-5　昆虫の各部位の名称

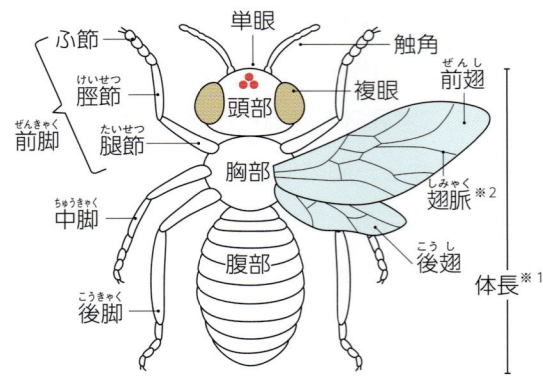

※1　体長…体の長さのことで、翅や脚は含まない
※2　翅脈…翅にみられる模様（すじ）。昆虫の同定ポイントとして重要

図表 3-6　工場でよくみられる幼虫

ハエ目		コウチュウ目	
チョウバエ類	大型バエ類	タバコシバンムシ	カツオブシムシ類

コウチュウ目			チョウ目
コクヌストモドキ	ノコギリヒラタムシ	ゴミムシ類	ガやチョウのなかま

図表 3-7　一般的な昆虫の幼虫やさなぎの特徴

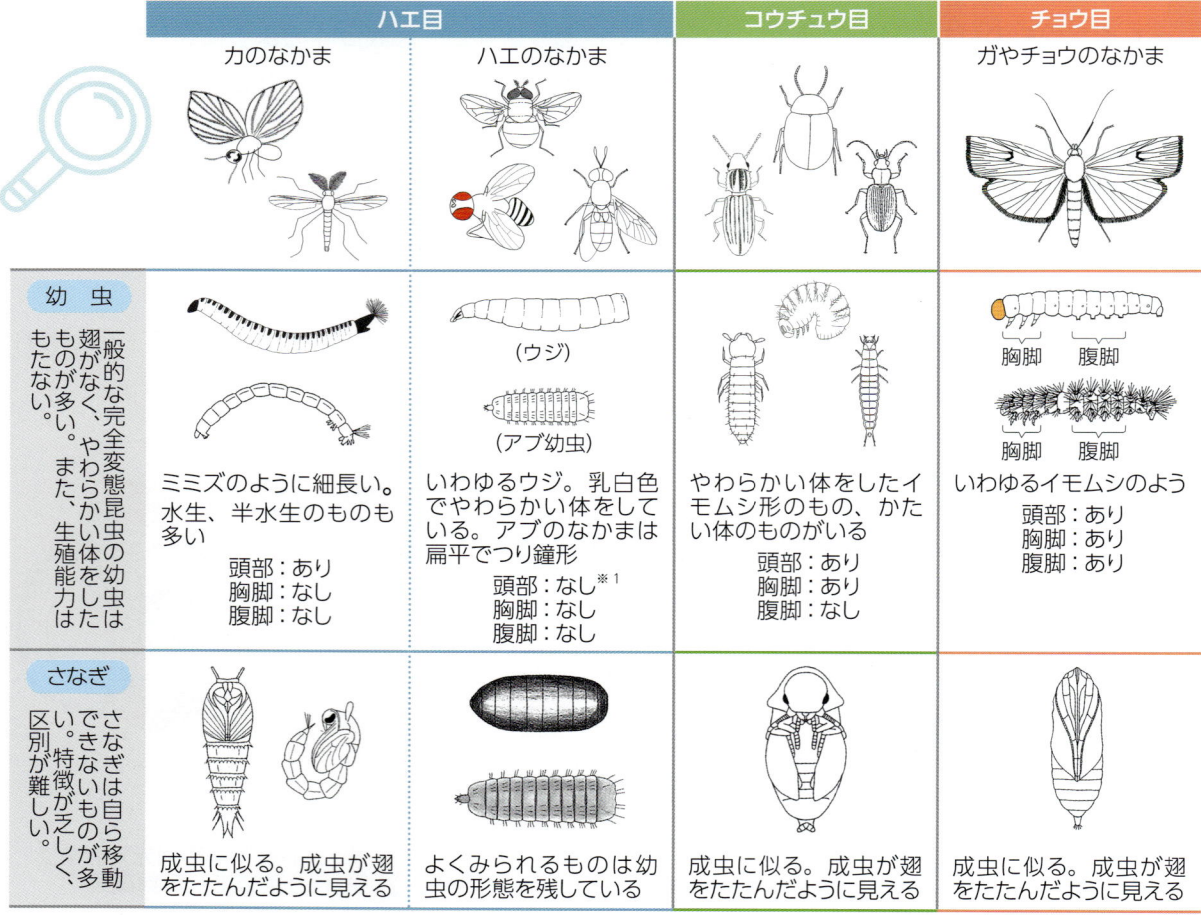

※1　ただしアブのなかまは退化した頭部をもつ
出典：「虫の手引き-2」（イカリ環境事業グループ，2009）

3 異物の検査（鑑定・同定）方法 ▶ 簡易的な異物検査の手法

> **Point** 昆虫の観察で見るべきところを知っておきましょう。
> ・昆虫の外観観察の重要性
> ・自工場の環境や虫の生態・生息環境も考慮

虫の混入時の観察は重要

図表3-5、図表3-6、図表3-7

　昆虫類は混入異物となる頻度が高く、混入事故が発生した際に消費者に与える影響も大きいので注意を要します。

　昆虫の種類は現在知られているものだけで80万種を超え、昆虫の正確な種名を同定するには専門的な知識や専門書を使用した検索作業も要求されます。ただし、実際の食品への混入事案において混入経路の探索や再発防止策を図っていくうえでは、厳密な種名の同定よりもまずは混入した原因をしぼり込むための分類を行うことがたいせつな場合もあります。

　簡易検査では、昆虫の詳細な形態にこだわるより、まずは外観をしっかり観察して混入した昆虫が属するグループや習性を判別できるような知識が必要です。図鑑や専門書を使った検索作業のために、昆虫類の各部位がどのような名称で呼ばれているかも知っておきましょう（図表3-5）。

　また、昆虫は成虫と幼虫がまったく異なる姿をしていることも多いので注意が必要です。食品工場で発生し、食品を加害している昆虫の多くは、成虫ではなく幼虫が加害をしています。幼虫はイモムシ形が多いのですが、よく観察するとグループごとに特徴のある形をしています（図表3-6）。

生態や生息環境を考慮

　混入した異物が虫の翅や脚だけ、あるいは破損が激しく細部がよくわからないといったことはよくあります。このような場合でも「正確な種名まではわからないがハエやゴキブリのなかまであることは間違いない」ということがわかれば、その後の対策を決める手がかりを得ることが容易になります。混入していた虫がどこで発生しやすいかを考え、迅速に対応できる可能性が高くなるからです。

　逆に、自分の工場内がどのような環境にあるかを日頃から考えておけば、混入する可能性のある虫をしぼり込むこともできます。ふだんから、自分の工場の環境を意識し、工場内で発生する可能性のある昆虫を頭に入れておくとよいでしょう。

　また、「脚だけが混入していた」という場合、同じロットのほかの商品に胴体や頭などが混入している可能性を考える必要があるかもしれません。「何が」「どんな状態で」混入していたかをしっかり観察することは、とてもたいせつなのです。

形態観察（毛髪①）
人毛と獣毛の見分け方

図表3-8　毛髪類の構造

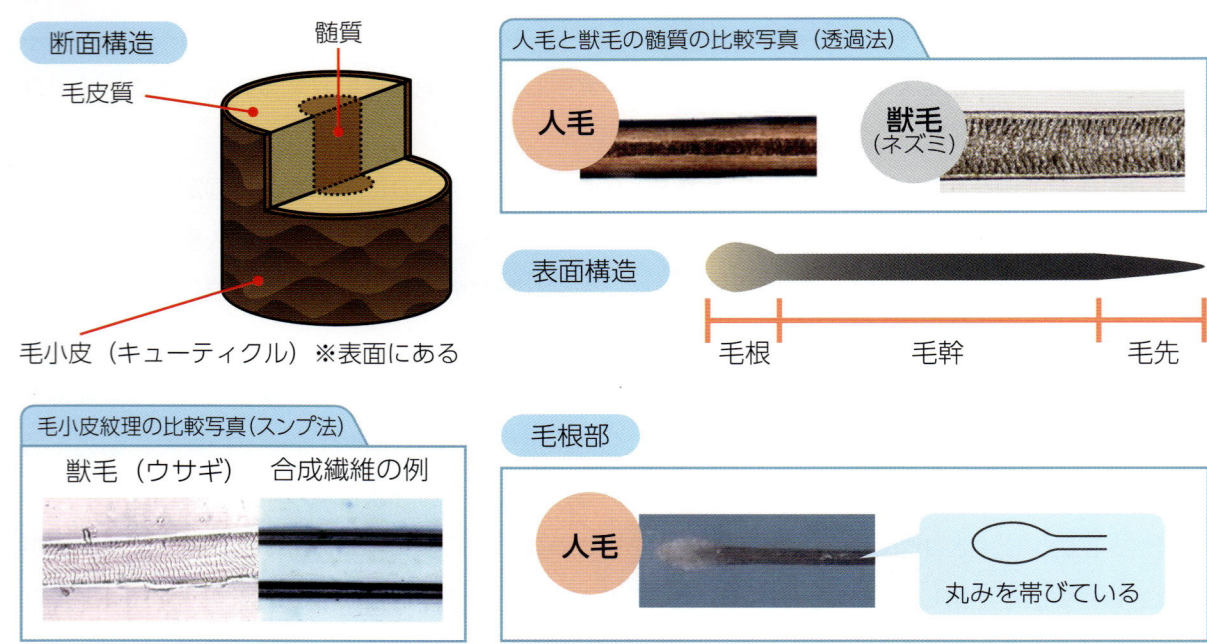

| 獣毛（ウサギ） | 合成繊維の例 |

図表3-9　人毛と獣毛の違い

検査項目	人毛（おもに日本人）	一般的な獣毛
毛色	毛先のみ色素がないことがあるが、基本的には毛先から毛根まで色は変わらない。	毛幹部のみ色素がない、あるいは色素のある部分とない部分が交互に観察されることが多い。
太さ	毛先から毛根まで、太さはほぼ一定である。	毛先もしくは毛幹のみが大きくふくれていることが多い。
毛の断面	円形もしくはだ円形で、毛先から毛根まで、形状は変わらない。	種類により、まが玉型、つづみ型などさまざまな形状を示す。毛先と毛幹では形状が異なることが多い。
毛小皮紋理	基本的に毛先から毛根まで紋様は変化しない。	毛先、毛幹と毛根とでは、紋様が異なる。
毛髄質	細く鉛筆の形状を呈し、所々消失したり、まったく認められないこともある。	基本的にひじょうに太く、種類によっては髄質の中にさまざまな紋様が観察される。
毛先	頭髪については、切断（カット）痕があることが多い。	愛玩犬や羊といった例外を除き、基本的に切断（カット）痕はない。

図表3-10　スンプ法による獣毛の毛小皮紋理の特徴の例

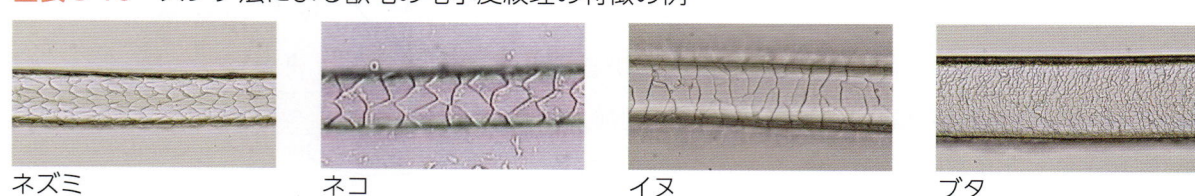

ネズミ　　ネコ　　イヌ　　ブタ

※獣毛の毛小皮紋理は、毛先、毛幹、毛根で紋様が異なる。脱落している場合も多い。

> **Point** 人毛と獣毛の違いについて知りましょう。
> ・毛髪類の特徴と構造
> ・獣毛の特徴と見分け

人毛・獣毛の分析

図表3-8、図表3-9

　毛髪は混入異物の代表ですが、形態観察で毛髪の確認をするためには毛の構造を知っておく必要があります。これを見分けることで、ほかの繊維状異物との区別がつけられます。

　毛髪は、先端部分の「毛先」、根元部分の「毛根」、それ以外の部分の「毛幹」から構成されています。外観を観察する時には、まず「毛根」の有無を確認します。毛根が確認できればそれは「毛髪」です。そのうえで生物顕微鏡での観察（→p.96～97）となります。毛髪の断面を見ると、中心部の「髄質」、表面の「毛小皮（キューティクル）」、それ以外の「毛皮質」から構成されています。これらの部位の特徴は「透過法」や「スンプ法」などの検査方法（→p.96～97）で確認することができます。「髄質」は動物に特有のもので（確認できない場合もある）、植物繊維や合成繊維では見られない部位です。

　ヒトの場合は、髄質が動物に比べると細く、毛根は丸みを帯びています。一方、動物の髄質は太く、毛根は細くてやや角ばっていることが多いです。このような特徴から、人毛、獣毛、繊維の違いを見分けていきます。

動物の毛小皮

図表3-10

　動物の毛の表面を拡大してよく見ると、うろこのような紋様が見られます。毛小皮紋理といい、この紋様は動物の種類によって異なることがあります。この特徴は毛髪以外には見られないので、毛小皮紋理が確認できれば合成繊維などの毛状異物との区別ができます。

　異物の検査機関などでは、毛小皮紋理の確認には一般的にスンプ法（→p.96～97）という手法を用います。特殊な薬液で溶かした樹脂表面に毛髪を押しつけることで魚拓のようにして紋様を写し取り、これを生物顕微鏡で観察する方法です。このスンプ法で採取された獣毛のサンプル写真が図表3-10です。動物の種類により、紋様はさまざまであることがわかります。この紋様を手がかりに動物の種類を推測しますが、動物あるいは獣毛の部位によっては紋様がうまく見られない場合もあります。多くの動物では獣毛の根元付近で毛小皮紋理の特徴が見られますが、狭いところを移動するネズミなどは毛小皮が脱落していたりします。

　動物の種類は、髄質や毛小皮などの特徴がわかっていれば、ある程度の特定が可能です。その特徴を知っておくことで、人毛、獣毛、繊維（毛状異物）のいずれであるかが見分けやすくなります。

形態観察（毛髪②）
毛髪同定鑑定の流れとその方法

図表3-11　毛様物の分類

- 毛様物
  - 合成繊維、植物、その他
  - 毛
    - 獣毛
      - 環境由来
      - ヒト由来
    - 人毛
      - 頭髪
      - 体毛

図表3-12　毛髪同定鑑定の流れ

① 形態観察（肉眼および実体顕微鏡下）
⇒人工物・人毛・獣毛の推測、カタラーゼテスト実施の可否の確認　など

② 生物顕微鏡下の観察（プレパラート標本）
⇒髄質の形態、髄質が毛直径に占める割合の計測、毛先の状態　など

③ 生物顕微鏡下の観察（スンプ法）
⇒毛小皮の形態観察

図表3-13　毛髪同定鑑定の方法

①形態観察	②生物顕微鏡下の観察 （プレパラート標本＝透過法）	③生物顕微鏡下の観察 （スンプ標本＝スンプ法）
必要備品 実体顕微鏡（20〜30倍）、ピンセット、定規　など	**必要備品** 生物顕微鏡(400倍程度)、マイクロメーター、スライドグラス、カバーグラス、ピンセット、過酸化水素水、水　など	**必要備品** 生物顕微鏡（400倍程度）、スライドグラス、ピンセット、スンプ板、スンプ液、筆、スンプ台紙　など
判断する項目 ・毛か否か ・カタラーゼテスト実施の可否 ・人毛か否か　・獣毛か否か ・紡績繊維か否か	**判断する項目** ・毛か否か　・人毛か否か ・獣種の推定	**判断する項目** ・毛か否か　・人毛か否か ・獣種の推定
観察ポイント 毛根や毛先の有無、長さ・太さやその変化、捻転の具合、色調やその変化、毛根の状態　など	**観察ポイント** 毛の太さやその変化、髄質の有無、毛直径に対する髄質の割合、髄質の様子、毛先の状態　など	**観察ポイント** 毛小皮の有無、毛小皮の紋様（波形、モザイク形、うろこ状など）、毛根から毛先までの毛小皮の変化　など

※毛髪の同定には、原則として毛根から毛先までそろっていることが必要

図表3-14　透過法による髄質の観察の準備

スライドグラスを用意

水を1〜2滴落とす

観察対象をのせる
※脱色処置（→p.97）が必要な場合もある

間に気泡が入らないようカバーグラスをかける

図表3-15　スンプ法による観察の準備

スンプ板を用意

表面のフィルムをはがす

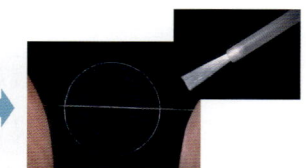
スンプ液を薄くぬり観察対象をはりつける

十分に乾燥したらスンプ板をはがす

スンプ板をスンプ台紙にはりつける

標本作成のポイント
・スンプ液を大量につけない
・十分に乾燥させる
・獣毛の特徴は毛根付近に表れることを念頭に

3 異物の検査（鑑定・同定）方法 ▶ 簡易的な異物検査の手法

> **Point** 毛様の異物の分類と鑑定の手順について知りましょう。
> ・毛様物の分類
> ・毛髪鑑定の手順とそれぞれのやり方

毛髪同定鑑定の手順

図表3-12

毛髪（正確には毛様物）の検査（同定鑑定）は、図表3-12の手順で実施します。

①まず、**肉眼および実体顕微鏡による全体像の観察**を行います。この観察では、毛根の有無、太さ、色調、質感などを確認し、毛か否かなどを推測します。推測例としては、太くて強い弾性をもつ→豚の可能性、長い直毛で毛先が切断→人毛（頭髪）の可能性、毛先があり毛幹部がやや膨大→獣毛の可能性、長くて全体を通して波打つ→羊毛の可能性、染色されている→衣類などの紡績繊維の可能性、などが考えられます。

②次に、**生物顕微鏡による透過法での観察**を行います。薄く削いでスライドグラスにのせた観察対象にカバーグラスを被せてプレパラート標本を作成し、生物顕微鏡で観察します。この検査では、髄質の有無やその特徴、毛先の状態などがわかります。

②透過法での観察（人毛の髄質）

人の毛髪、獣毛ともに、個体によって毛皮質部に着色があって顕微鏡では髄質が観察できない場合があります（全体の約1割程度）。その際には、市販のオキシドール（3％過酸化水素水）に一晩浸して、脱色処置を施してから観察を行います。

③最後に、**生物顕微鏡によるスンプ法での表面構造の観察**を行います。セルロイド板の表面を溶剤でやわらかくし、観察対象に圧着した後で乾燥・硬化させ、観察対象の表面構造が転写されたセルロイド板を生物顕微鏡で観察します。獣毛、人毛であれば、毛小皮紋理が観察されます。

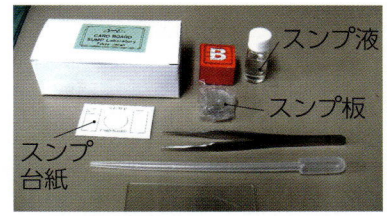

③スンプ法実施に必要な道具

一連の検査で同定を行うには、経験のある指導者のもとで検査を行う必要があります。これから検査を行う場合は、消費者への証明書の発行を目的とするのではなく、あくまで自社の品質管理業務として実施し、経験を積むことをおすすめします。初めは「化学繊維か毛髪か」を見分けることからスタートし、慣れてきたら「人毛か獣毛か」の見分けに挑戦する流れでステップアップしていくとよいでしょう。獣毛を分類するには多くのサンプルが必要なので（同じ種の動物でも部位などにより形状が異なるため）、そのような準備のない状態での検査は難しい場合が多いです。

形態観察（人毛）
頭髪・体毛の見分け方

図表 3-16　頭髪の形状の部位による違い

毛根

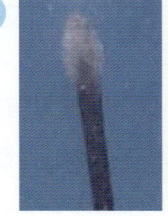

自然落下の場合

強制抜去の場合

切断痕

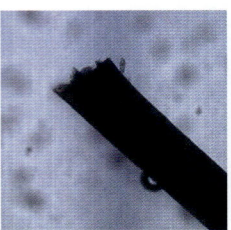

引きちぎり

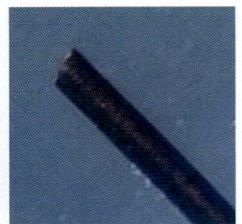

ハサミによるカット

※程度の悪いハサミだと引きちぎりとの区別が困難なことが多い

毛先

切　断

毛先摩耗

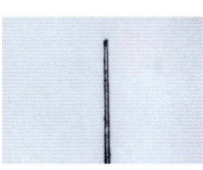

毛先あり

図表 3-17　頭髪および体毛の特徴

部位名	毛の長さ	毛の直径	太さの程度と変動	屈曲の程度	髄質の特徴	そのほかの特徴
頭髪	数cm～100cm程度	70～100μm	変動小さい	個人により差が大きい	髄質の出現の変動が大きい	断面はほぼ円形。毛根小さく毛先は先細り、毛先部のカット（人為処理）痕がある
眉毛	およそ1cm	50μm以下	長さに比較し太く、変動大きい	カーブ状のゆるい屈曲	髄質の出現は不規則	―
まつ毛	1cm以下	50μm以下	長さ短く変動大きい	カーブ状に湾曲	髄質の出現は不規則	おおむね眉毛より太く見える
ひげ	5～30cm	100～170μm	ひじょうに太く変動小さい	不規則に屈曲	髄質は複雑	毛根が大きく、断面は三角形のものが多い
わき毛	1～5cm	100～140μm	変動大きいが陰毛ほどではない	細かい屈曲が多い	太い髄質が出現	毛包部の付着物が陰毛より多く、毛先が摩耗して丸い
陰毛	1～6cm	120～160μm	変動大きい	不均一な屈曲と捻転が多い	太い髄質が出現	毛包部の付着物が多い
すね毛	1～2cm	70μm以下	変動少ない	わき毛よりはゆるく細かい屈曲	髄質の出現は不規則でやや不明瞭	おおむね毛先は細く、色素顆粒が少ない

※数値は鑑定が多く依頼されるものの目安です

参考：佐藤元「毛髪鑑別法の実際と留意点」

3 異物の検査（鑑定・同定）方法 ▶ 簡易的な異物検査の手法

> **Point** 人毛の部位ごとの違いについて知っておきましょう。
> ・頭髪と体毛の部位ごとの特徴
> ・体毛の部位の特定と混入対策

人毛の部位ごとの特徴
図表3-16、図表3-17

　人毛は食品製造現場において、根絶のひじょうに難しい混入異物です。毛髪、特に人毛は危険度・危害度が低い一方で、不快度はひじょうに高い混入異物なので、混入が発覚した場合は速やかに「どのような」毛が混入したのかを確かめましょう。特徴を理解しておけば、形態の特徴から「人毛かそうでないか」「人の体のどこの毛か」ある程度推測することが可能です。

　人毛の形態を観察する際には・**毛根の有無**　・**毛先の形状**　・**毛幹のねじれ具合**　などを確認します。以下に代表的な特徴を紹介します。

- **頭髪**　毛先にカット痕がある。比較的細い。
- **体毛**　頭髪に比べるとやや太い。毛先にカット痕がないことが多い。毛先が摩耗して丸くなっている場合はふだん服に覆われている部位、毛先が摩耗せず細くなっている場合は腕などふだん露出している部位であることが多い。
- **陰毛、わき毛**　毛髪が太く、湾曲している。

　頭髪は、定期的にカットを行っている場合がほとんどなので、通常はカット痕があります。逆に体毛は、カット痕がなく、毛先が細くなって（残って）いることが多いです。ただし服の下に隠れる部位の体毛は衣服にこすれるので、先が摩耗して丸くなっている場合もあります。また、たまに両端にカット痕のあるものがあり、これはおそらく散髪時に残ってしまった頭髪と考えられます。しかしこれらの特徴は「必ず」そうであるとは限らないので注意しておく必要があります。

混入毛髪の特徴に則った対策

　ある食品工場で採取された人毛の内訳は、頭髪＝350、まつ毛・眉毛＝10、わき毛＝50、陰毛＝120、その他の体毛＝100　でした（→p.68）。この数値から、工場内には意外といろいろな体毛が落ちていることがわかります。もし人毛の混入が起きた場合にどの部分の体毛かが把握できれば、その人毛を工場内で減らす（なくす努力）、あるいは持ち込まないためにどうすればよいかという対策を立てやすくなります。

形態観察（金属）
金属の判定の仕方

図表 3-18　金属の簡易検査の手順

①目視および実体顕微鏡などで色調を確認

代表的な金属の色調	
光沢のある銀色	ステンレスなど
鈍い銀色	鉄、鉛
白色がかった銀色	アルミ
金色	真ちゅう
赤銅色	銅

②磁石を近づけて引き寄せられるかを確認

- **磁性のある金属**
  鉄、ニッケル、ステンレス（クロム系）※など
- **磁性の弱い金属**
  ステンレス（クロム・ニッケル系）※
- **磁性のない金属**
  真ちゅう、銅、アルミ、鉛など

⚠ 磁性がないようでも、破断面のみ磁性を示すものがあるので要注意

磁石の使い方
磁性の有無や強さの確認方法

磁石をサンプルの**断面**に近づける

磁石をサンプルの**表面**に近づける

①②から総合的に判断する

※ステンレスは鉄を主成分とする合金で、含まれる金属により性質が異なります

図表 3-19　色調と磁性による大まかな金属分類

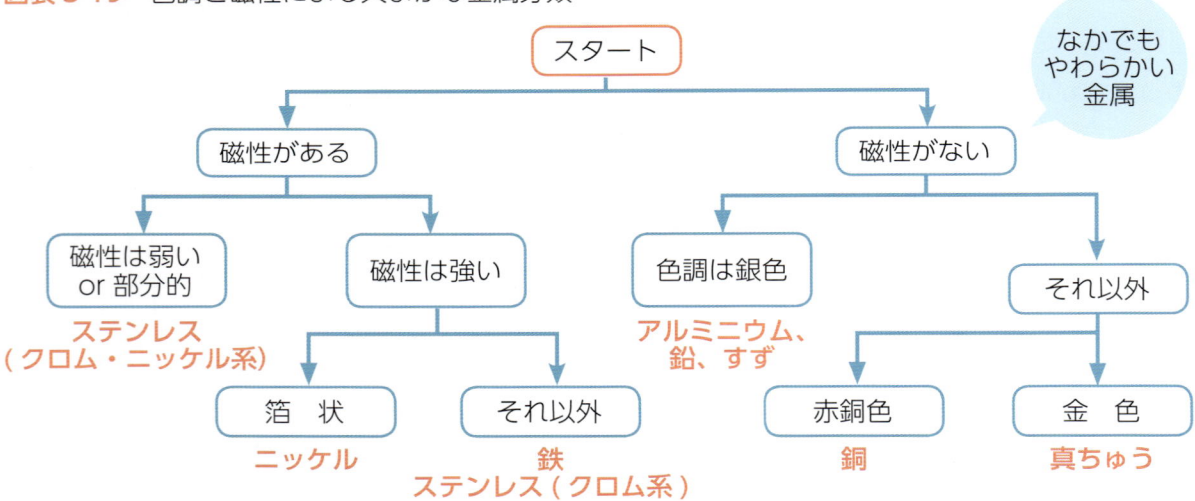

図表 3-20　針金の破断縁

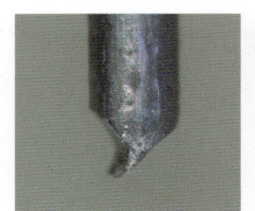 
工具による切断

 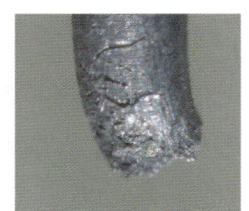
金属疲労による切断

3 異物の検査（鑑定・同定）方法 ▶ 簡易的な異物検査の手法

 金属の判定基準を知っておきましょう。
・金属は特有の金属光沢と磁性の観察で判定
・硬質で形態が変化しづらく原因特定に有利

金属の検査　　　　　　　　　　　　　　　　　　　　　　　図表3-18

　金属の疑いがある異物の検査は目視観察から入ります。金属光沢が確認できれば、検査品が金属である可能性が高くなります。金属の種類によってその色合いはさまざまです（図表3-18）。

　磁石によって磁性の観察をしておくことも重要です。すべての金属が磁性をもつわけではありませんが、磁性が確認できればそれも重要な手がかりになります。異物が黒い粉や小さな破片の場合、金属光沢の確認は困難でも磁石への反応があれば、それが金属粉であると確認できます。

　この作業を行う時、検査品に磁石を直接触れさせると、磁石から異物がとれなくなってしまう可能性があるので、磁石と検査品との間に紙やプレパラートなどをはさむとよいでしょう。そうすれば磁性の確認後、検査品を安全に回収できます。特に小さな検査品の場合は、プレパラートの上に水滴をつくってその上に検査品をのせると、ごくわずかな磁性にも反応しやすくなるので、これも練習しておくとよいでしょう。磁性の観察の際に使用する磁石は、ネオジム入りのものが強力でおすすめです。

大まかな金属分類　　　　　　　　　　　　　　　　　　　　図表3-19

　金属であることが確認できれば、基本的には初期の簡易検査として十分です。比較的大きな金属片であれば色調、硬さなどの確認を経ておおよその素材を知ることも可能になります（図表3-19）。

　しかし、このフローですべての金属の種類が判定できるわけではありません。特に、磁性がない金属で硬いもの（ステンレス製のもので加圧して傷がつかないレベル）は分類が難しいので注意が必要です。磁石に引き寄せられる磁性（強磁性）のあるものは、鉄やコバルト、ニッケルなどですが、天然のもののなかにも土（砂鉄）や鉱物（磁鉄鉱）のように磁石に引き寄せられるものがあります。

形態観察での原因特定例　　　　　　　　　　　　　　　　　図表3-20

　金属は硬質なので、検査品が混入時の形状を維持している場合がほとんどです。したがって、実体顕微鏡による形態観察で、かなり多くの情報が得られます。特徴的な形状や成型面（加工面）があれば、どこで何が混入したかという判断がしやすくなります。たとえば針金は、その形状やこすれたあとから、もとが網状（ザルなど）か否かを特定できるケースもあります。

　切断面からも、多くの情報が得られます。人工的な切断と金属疲労での切断とでは切断面の形状が異なり、これらの情報が得られれば、混入の原因がしぼり込みやすくなります。鑑定時に、工場側が原因と推測したものを比較対象として用意できると、特定の助けとなります。

反応試験（水、熱への反応）
水と熱による検査の仕方

図表 3-21　水に入れた際の変化

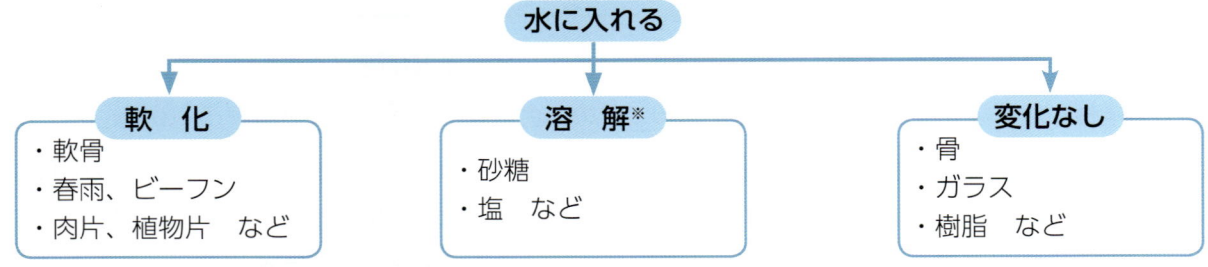

※ 完全に溶解しない場合もある。形や大きさが変わったか否かで判断する

水による変化の例

肉片（貝柱）

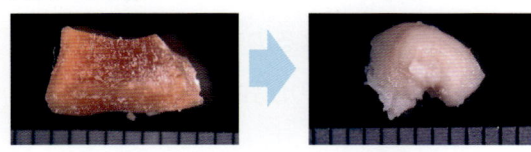

色の変化とともにやわらかみを増した
（生物に多い変化）

氷砂糖

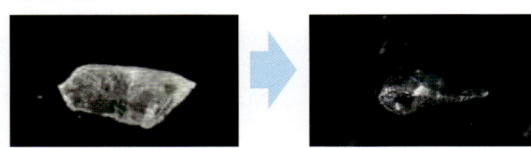

溶解して小さくなった

図表 3-22　熱を加えた際の変化

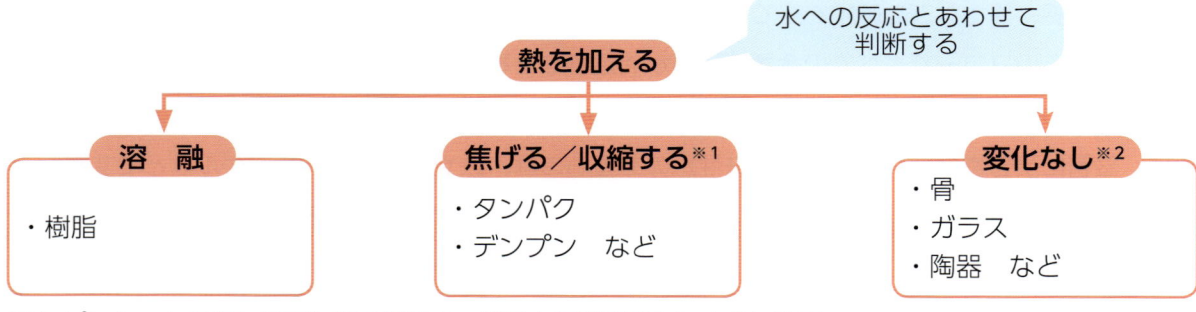

※1 ピンセットを押し当てた際の凹みを、溶融と見間違えないように注意。
　　水への反応とセットで考えるのが大事
※2 長時間火に直接さらすと、端がわずかに溶融することもある

熱による樹脂の変化の例

①針の先をライターの火で
　十分に熱する

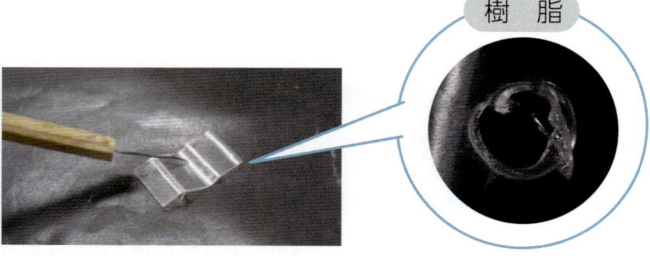

②実体顕微鏡でのぞきながら、熱した針先を
　サンプル片にあて変化を確認する

3 異物の検査（鑑定・同定）方法 ▶ 簡易的な異物検査の手法

> **Point** 水と熱による検査の仕方を知っておきましょう。
> ・水により変化があるのは生物、食品などの可能性
> ・熱により変化があるのは樹脂などの可能性

水による検査

図表3-21

　水に入れるという検査からは、じつに多くの情報が得られます。この検査で気をつけなければならないのは、検査品が塩の結晶や砂糖の塊だった場合です。これらのものは、水に入れたあとに溶けてなくなってしまいます。

　こういったことを避けるためにも、検査品はいきなり水につけるのではなく、シャーレにのせて、その隣に小さな水滴を置くとよいでしょう。水滴の大きさは2～3mm程度で十分です。検査品が大きければもう少し大きくても構いません。その水滴に検査品を横からスライドして少しずつ入れていきます。この際、実体顕微鏡でよく観察しながら行うとよいでしょう。

　塩や砂糖などの水に溶けるものであれば、その様子が確認できます。この場合、速やかに水滴から出し溶解を止める必要があります。もし検査品が1つしかなく、サイズが2～3mm程度の小さなものの場合は、水による検査をあきらめることも選択肢の1つに入れておいてください。完全に溶解し検査品がなくなってしまうと元も子もありません。

　水に対して何らかの変化（やわらかくなる、溶解する）があれば、生物、食品などの可能性があります。変化がなければ樹脂、金属、ガラス、陶器などの可能性があります。この時は、次に熱による検査を実施します。

熱による検査

図表3-22

　熱による検査はピンセットや針などを熱し、検査品にあててその変化をみるものです。おもに、異物が樹脂かどうか、樹脂だとしたらどのような材質かを知るために行います。

　熱によって変化するのは樹脂などで、ガラス、金属、陶器は変化しません。また樹脂の場合、材質によって特有の変化や燃焼臭を発することがあります。

　形態の観察に加え、水と熱による検査まで実施すれば、当該の検査品が危害度の高い異物かを確認することができます。

103

検査の依頼方法
破損・腐敗・紛失の防止と比較品の管理

図表 3-23　異物発送時の注意事項

クール便

必ずクール便を使用する場合
- カタラーゼテスト（→p.106）の依頼
- 微生物の可能性がある場合
- 腐敗しやすい製品の場合

容器を密閉

必ず容器のすき間をなくす場合
- 生きた虫が検体の場合（必要に応じ空気孔をあける）
- 微小な検体の場合

図表 3-24　理想的な梱包方法の例

 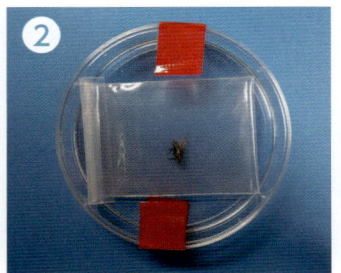 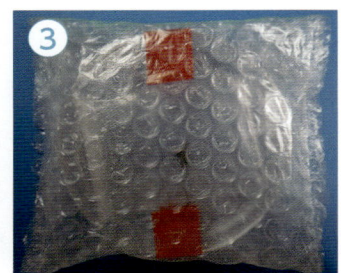

① 異物を透明なチャックつきの小袋に入れた後
② プラスチックシャーレに入れ
③ 気泡緩衝材などのクッション材で梱包する。
- クッション材を取り除いた時点でシャーレの外から異物を確認することができる。
- 小袋に入れられていることによって、異物自体が動き回って破損したり、シャーレから飛び出して紛失することがない。

ポイント
- ☑ 丈夫な封筒あるいは箱を使う
- ☑ 宅配便を使う

※チャックつきの小袋はスーパーなどでも市販されています。プラスチックシャーレが入手できなければ、ほかのプラスチック容器や紙製の箱などでもかまいません。

図表 3-25　異物検査と原因究明

異物検査 ＝ 再発防止に向けた、混入原因を調査するための材料収集

必要な材料（現場の情報） ＝ ①現場の衛生状態　　②比較品

（例）虫の種類
どこに生息しているのか？
どこで発生したのか？

（例）樹脂や金属
どこで使用しているのか？
工場内に存在するものか？

3 異物の検査（鑑定・同定）方法 ▶ 検体の発送

 Point **外部機関への検査依頼時の注意事項を知っておきましょう。**

・正しく梱包し、異物によってはクール便を使用
・可能ならば比較品を同梱

異物の発送の仕方

図表3-23、図表3-24

　異物の検査では、時には外部の検査機関に鑑定や同定を依頼する必要のある場合も出てきます。その時には、検査がより円滑に進むように梱包や発送の仕方に注意し、微小な異物を送る時には、どれが鑑定を依頼する異物かがはっきりわかるように工夫して梱包する必要があります。

　異物検査が困難になった例として「カタラーゼテスト（→p.106）の依頼であったが、常温便で届き、検体が腐ってしまった」「牛乳に入っていた異物を常温便で送ったために、カビまみれになって異物がわからなくなってしまった」「生きた虫を送ったが、容器にすき間があり脱走してしまった」「微小な異物がすき間から落ちて紛失してしまった」などの事例が実際にありました。こういった事例を防ぐためにも、図表3-23および図表3-24のようなことに注意して発送する必要があります。

　これらは、消費者から異物混入苦情があり現物を発送してもらう際にも、正しい検査・原因究明・再発防止に向けて協力を仰ぐ必要のある内容になります。

比較品の重要性とその管理

図表3-25

　異物検査はあくまで、原因究明のための一手法です。原因により近づくために必要なのは、現場にある「今回異物となったかもしれない」比較品を準備することです。

　虫の場合であれば、現場で発生している虫のモニタリング状況を集めます。樹脂や金属であれば、日常から異物となり得るものに注意し管理を怠らないことです。現場で使用せざるを得ない包装資材や刷毛、ブラシなどを「異物混入予備軍」としてリスト化しておき、異物混入事故が発生した際に速やかに取り出せるようにしておきます。原材料についても同様です。

　コンベアのベルトや床材、壁材、塗料片なども意識しておきましょう。こういったもののリストを作成して破片をポケットつきのファイルに集めておき、専用の管理を行っておくと、その工場でずっと引き継いでいくべきたいせつな財産となります。

　異物混入事故が発生した時、検査機関に「あやしい」と思われる比較品をこのファイルから抜き出して同梱できれば、原因に近づく可能性が高くなります。

検査機関で行う試験①
カタラーゼテスト

図表 3-26　カタラーゼ反応とは

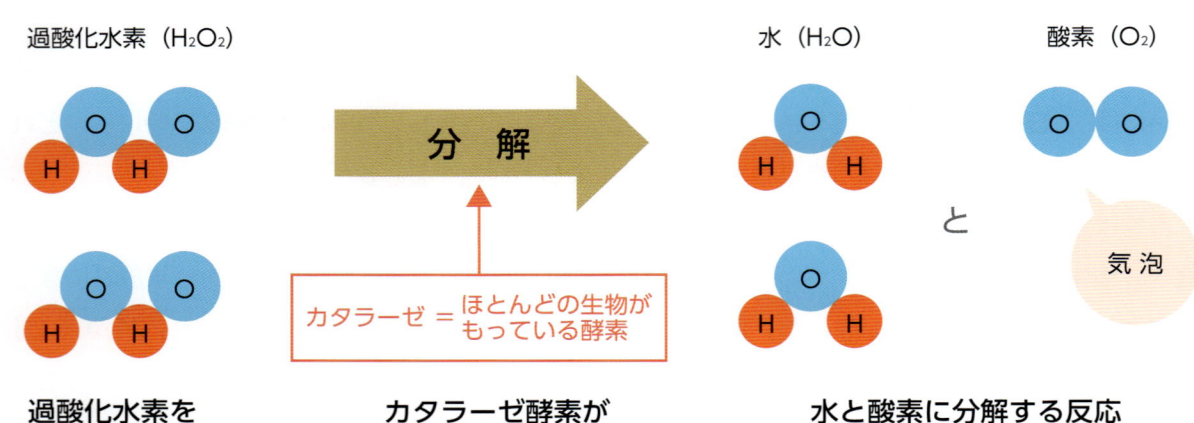

図表 3-27　カタラーゼテストに向かないもの

- 石、金属、樹脂など生物ではないもの
  →もともとカタラーゼをもっていない。
- 毛根が欠損している毛髪類
  →毛根にしかカタラーゼは存在しない。
- 内容物がない虫体
  →脱皮殻や翅にはカタラーゼは存在しない。
- 植物や肉片など
  →科学的根拠が得られていない。
- 発酵食品
  →食品中の微生物に反応する可能性。
- 腐敗したもの
  →原因菌に反応する可能性。
- 微小なもの
  →反応の判定が困難。
- 死後、長時間経過したもの
  →カタラーゼ失活の可能性。

図表 3-28　カタラーゼテストの反応例

陽性反応

外骨格からは気泡は出ず、体内からのみ発泡している
→カタラーゼ陽性
（加熱していない）

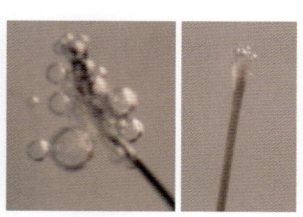

毛根部からのみ発泡している
→カタラーゼ陽性
（加熱していない）

判定不能

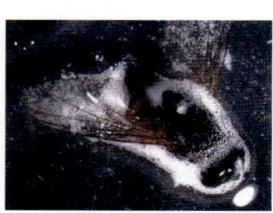

腐敗のため発生した虫体表面の微生物に反応し、本来カタラーゼが存在せず、反応がみられないはずの外骨格や翅部分より激しい気泡がみられる

3 異物の検査（鑑定・同定）方法 ▶ 異物検査の実際

> **Point** カタラーゼテストについて知っておきましょう。
> ・おもに虫に対して有効なテスト
> ・加熱の有無の判定に使用

カタラーゼテストとは

図表3-26、図表3-27

　カタラーゼテストは、異物（虫あるいは毛髪など生物系の異物）が加熱されたか否かを調べる試験です。

　カタラーゼというのは、ほとんどの生物がもっている酵素の名前です。この酵素は、過酸化水素（H_2O_2）を酸素と水に分解しますが、その時にたくさんの酸素の泡が発生します。

　過酸化水素の溶液（過酸化水素水）として、オキシドールがよく知られています。傷口をオキシドールで消毒したことのある人は、カタラーゼ酵素が働いて泡が発生する様子を見たことがあると思います。

　このカタラーゼ酵素ですが、熱が加わると失活（酵素としての働きが失われること）するので、検体が加熱された生物だと酸素（気泡）が発生しません。この性質を利用して、対象の虫などが加熱前と加熱後のどちらのタイミングで混入したのかを調べます。

　石や金属などカタラーゼをもっていないものには、このテストを行う意味がありません。また、植物や肉片などについては科学的根拠がとられていないため、このテストは向いていません。微生物がついている可能性が高いナメクジやカタツムリも、この検査には不向きです。

カタラーゼテストの難しさ

図表3-28

　カタラーゼテストは判定が難しいので、専門の機関に依頼するのがふつうです。検体が腐っていると、そこに微生物が発生し、その微生物から気泡が生じることがあったり、中華料理のように高熱で短時間の調理を行うようなものでは検体の内部からカタラーゼ反応が起きる場合もあります。毛髪の場合はカタラーゼ反応は毛根部分のみにみられ、抜け落ちてからの日数の経過とともに反応は弱くなっていきます。これらの場合、反応の見きわめは難しく、しかもカタラーゼテストはやり直しのできない一発勝負の検査なので、経験豊富な専門家にまかせることがほとんどです。

検査機関で行う試験②
機器分析およびそのほかの試験

図表 3-29　異物検査の流れ

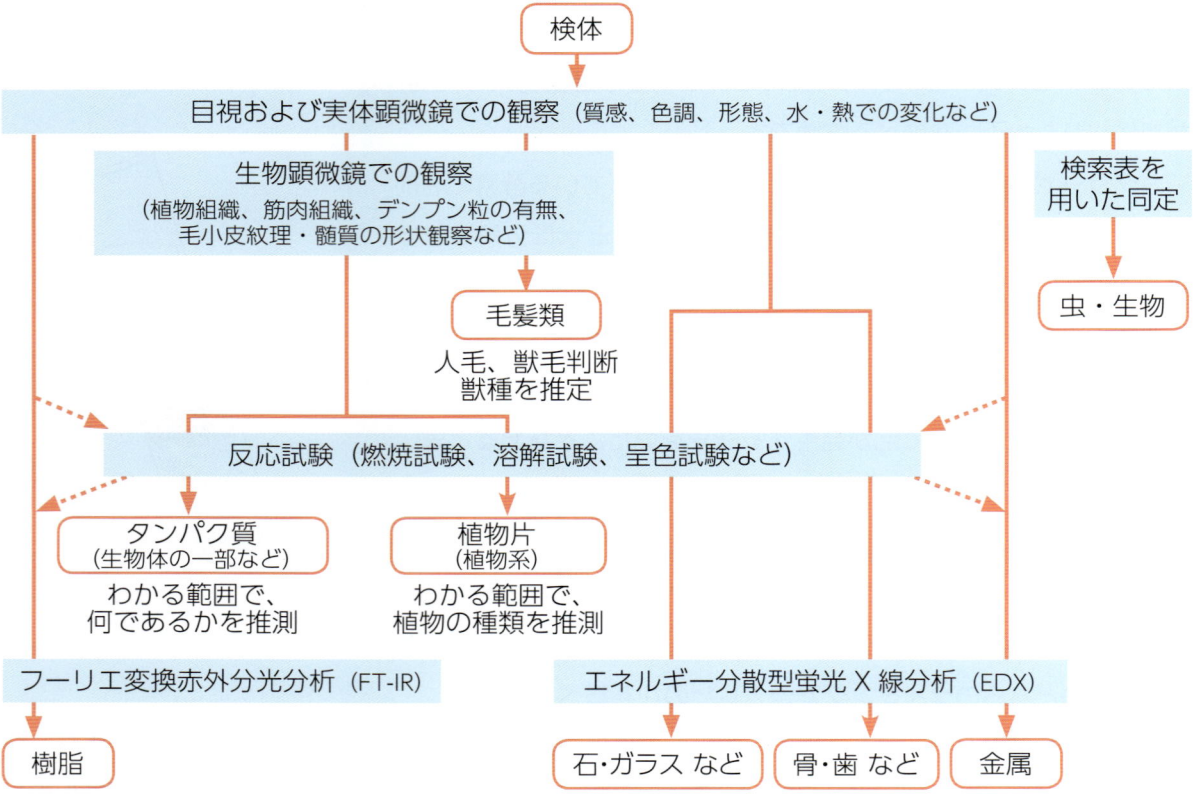

図表 3-30　分析機器とその特徴

フーリエ変換赤外分光分析装置 (FT-IR)

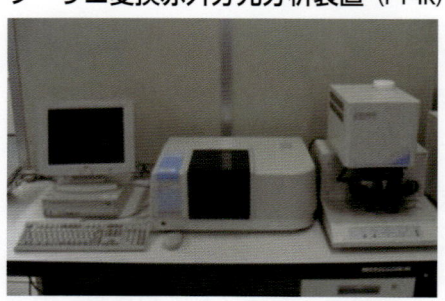

- プラスチック（合成樹脂）の検査に適し、材質を確定することができる
- 異物が有機物であった場合、おおよその材質を推定することができる

エネルギー分散型蛍光 X 線分析装置 (EDX)

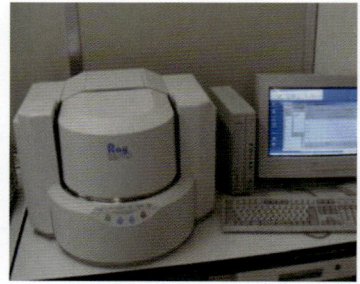

- 金属や石、ガラスなど無機物の検査に適し、金属については材質を確定できる（鉄、銅、ステンレスなど）
- 有機物（食品など）に混ざった微細な金属片を検出できる
- 金属元素由来の変色であれば原因物質を確定できる
- 5μm の異物まで元素測定が可能

3 異物の検査（鑑定・同定）方法 ▶ 異物検査の実際

 Point 検査機関での異物検査について知っておきましょう。

・機器分析でできること・わかること
・異物鑑定のためのいろいろな検査

一般的な機器分析

図表3-29、図表3-30

　検査機関に異物の鑑定を依頼した場合、図表 3-29 のような流れで検査が進んでいきます。異物の種類や成分をより詳しく知る必要がある時には機器分析を行います。一般的によく行われる機器分析は「赤外分光分析」と「蛍光Ｘ線分析」で、赤外分光分析ではおもに有機物を、蛍光Ｘ線分析では無機物を、ほぼ非破壊の状態で推察できます。

● フーリエ変換赤外分光分析 (FT-IR)

　検体にあてた赤外光が、検体をどれくらい透過したか、またはどれくらい反射したかを調べることで、その検体が何であるかを分析します。検体が 1mm 以下といった微小なものでも分析ができ、測定した検体を非破壊のまま回収できます。

　金属のような光を通さない異物以外を検査したい時に有効な手法で、異物が植物質のものか、タンパク質か、脂質か、プラスチックかといったおおよその材質まで見分けることができます。

● エネルギー分散型蛍光Ｘ線分析 (EDX)

　検体にＸ線をあてると検体に含まれる原子から特定のＸ線が放出される性質を利用して、その検体が何であるかを分析します。

　光を通さない異物を調べる時に向いている検査手法で、金属、石、骨、ガラスなどの可能性が疑われる時に用います。構成元素の比率がわかるので、異物鑑定の有力な手がかりとなります。

そのほかの試験

　検査機関による異物の鑑定では、そのほか必要に応じて次のような試験を行います。

・溶解試験＝異物を酸やアルカリ溶液、各種の有機溶媒に入れた際にどのように変化するか（溶けるか）を観察します。

・呈色試験＝ヨウ素試液、コットンブルー試液、メチレンブルー溶液、硝酸など各種呈色試薬による反応を観察します（使用する試液により必要に応じ加熱します）。

・培養検査＝カビなど微生物の疑いがあるときに行います。生物顕微鏡で微生物か否かを確認し、微生物であった場合には培養することで、生きている菌か、すでに死んでいる菌かを判定します。可能であれば菌種も特定します。

異物混入を防ぐ5S管理
食品衛生の5Sとは

図表4-1　本書における5Sの定義

整理	いるものといらないものを区別し、いらないものを処分する
整とん	いるものの置く場所、置き方、置く量を決めて、識別する
清掃	ゴミや汚れがないように掃除する
清潔	3S（整理・整とん・清掃）を維持する
しつけ	整理・整とん・清掃・清潔における約束ごとやルールが守られるための教育、訓練

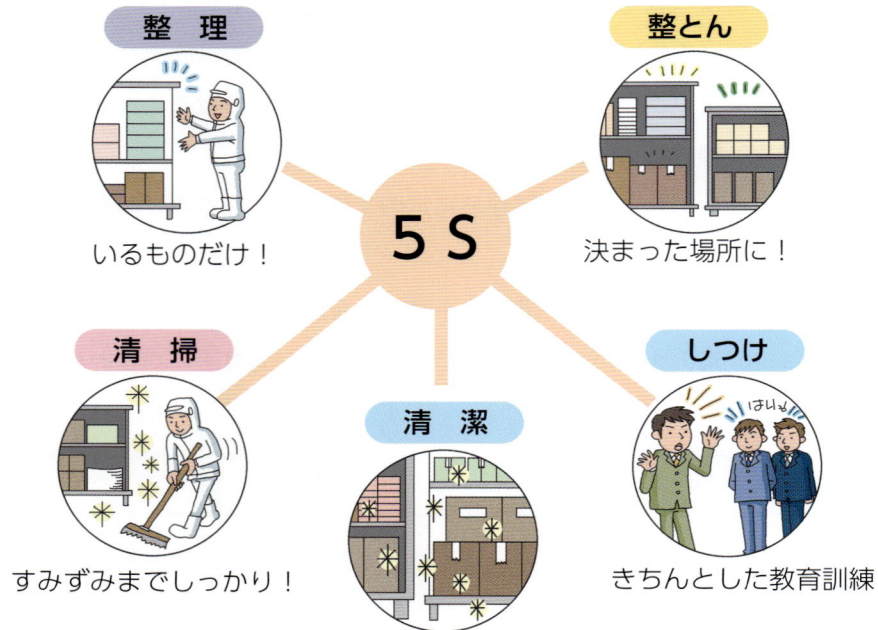

図表4-2　5Sの構造

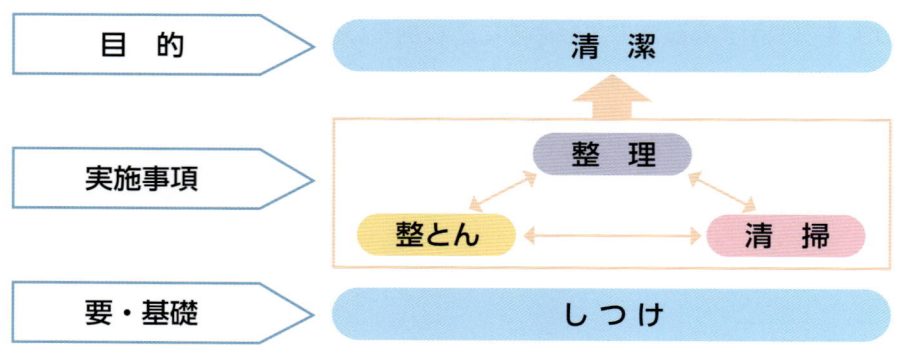

4 日常の管理体制の構築 ▶ 異物混入対策の基本 −5S−

 Point 食品衛生の5Sを確認しておきましょう。

・食品衛生の5Sと異物混入対策
・5S活動の目的

食品衛生の5Sとは　　　図表4-1

　ここまでで紹介したように、異物の混入の原因にはさまざまなできごとが複雑にからみあっています。そこに異物混入対策の難しさがあるのですが、まずは製造現場の管理の基本をきちんと守っていくことで、混入事故はかなり防ぐことができます。

　製造現場の管理の基本、それは「食品衛生の5S」です。「5S」は「整理(Seiri)」「整とん(Seiton)」「清掃(Seisou)」「清潔(Seiketsu)」「しつけ(Shitsuke)」の5項目で、ローマ字で表記した際の頭文字がすべて「S」であることから名づけられました。

　5S管理は日本生まれで、最も基本的かつ効果的な現場管理の考え方といわれています。当初は自動車産業など工業系の製造工場で取り入れられましたが、現在では食品製造工場にも広く浸透している考え方です。5Sには現場や状況によりいろいろな役割が与えられることがあります。理解しやすくするため、この本では5Sを次のように定義します。

・整理＝不要・不適切なものを放置しない
・整とん＝必要なものの保管場所を決め、あるべき場所に常に配置する
・清掃＝ゴミ・汚れを除去する　・清潔＝整理・整とん・清掃された状態を維持する
・しつけ＝清潔の維持が可能なように教育や訓練を行う

5S活動と異物混入対策　　　図表4-2

　異物混入対策として、5Sはその基本となる活動です。異物混入対策における5Sのねらいは次のようなものです。

・異物の原因となるものを場内から除去する　・清掃しやすい環境を整える
・場内に必要なものだけが存在する状態をつくる
　（不要なものが存在すれば、すぐに発見・撤去できる）
・有害生物の発生源をつくらない　・カビなどの微生物の発生を抑える
・従事者が異常な状態に気づきやすい環境にする
・5S活動を通じてルール順守、従事者参加の企業風土を育てる

　5Sはスローガンや標語としてただ唱えているだけでは意味がありません。現場での役割分担、具体的なルールなどが細かく設定されている必要があります。そして5S活動がうまくいっていたとしても、その維持には努力を要します。役割分担やルールが徹底されているかの確認・見直し、必要に応じた変更などを繰り返すことで、5S活動は初めてうまくいくものなのです。

5Sの実施内容①
「整理」の基本とコツ

図表4-3　食品工場における持ち込み禁止物の例

用途	具体例		
文房具などの例	ゼムクリップ	小さいマグネット	シャープペンシル
	鉛筆	ホチキスおよび針	消しゴム
	キャップつきボールペン・マジック	折れ刃式カッターナイフ	輪ゴム
私物の例	鍵	財布	小銭
	イヤリング	ピアス	ネックレス
	腕時計	指輪	ヘアピン
	薬※	飲食物	携帯電話

※発作など常備薬が必要な人もいるので、都度対応を考える

図表4-4　「いらないもの」を捨てるコツ

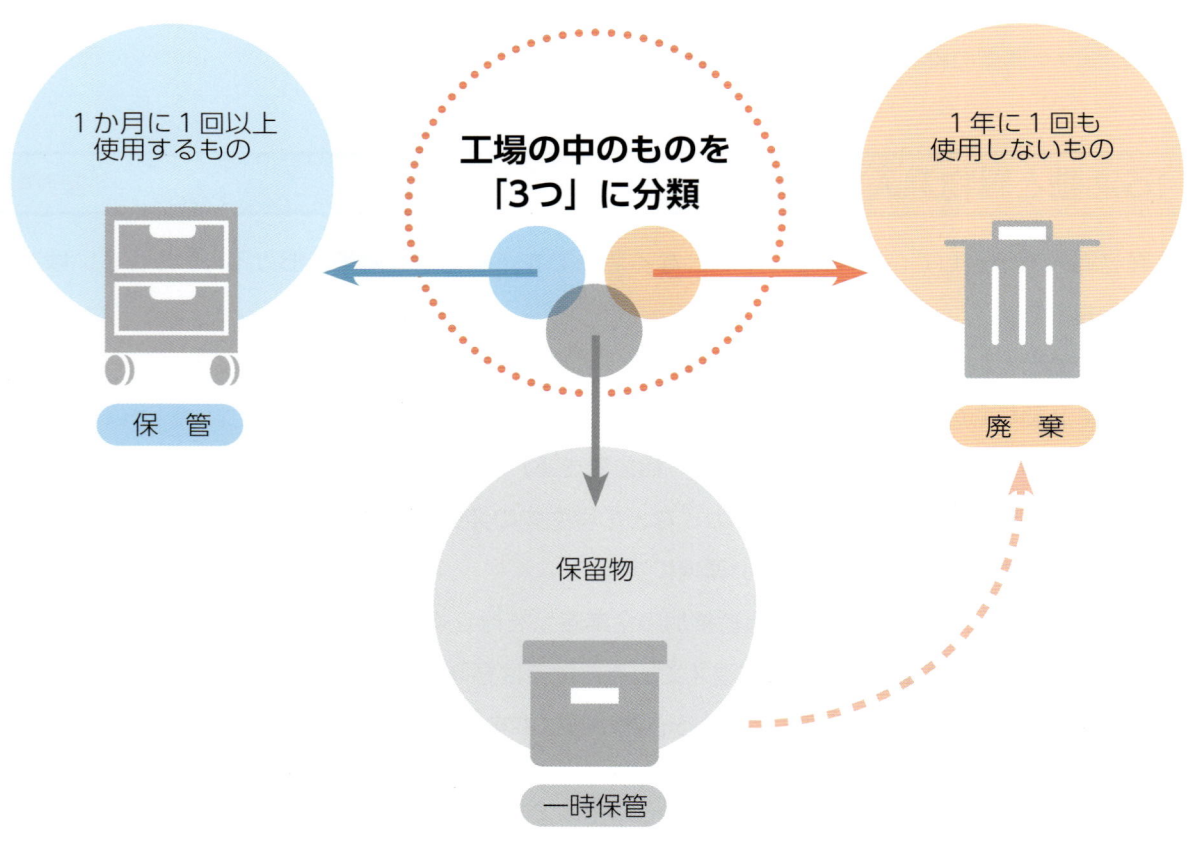

4 日常の管理体制の構築 ▶ 異物混入対策の基本ー5Sー

> **Point** 5S管理「整理」の基本とコツを理解しましょう。
> ・いらないもの・使わないものの排除
> ・いらないものの基準を明確に

「いらないもの」の統一基準の作成　　　　図表4-3

「整理」は、食品製造現場内（できれば工場敷地全体）にあるものを「いるものだけ」にするのが目標です。工場内の化学物質と使用物品を極力減らすために、まずは必要なものを明確にし、次に整理の基準を明確にしましょう。原則は「いらないものを捨てる」「使わないものを捨てる」です。しかし「何がいらないものなのか」を決めておかないと、いつまでも作業が進みません。管理者と作業従事者との間で統一した認識をもっておくことがたいせつです。

たとえば次のようにしてルールを決めます。

- 捨てるものと捨てないものの具体的な線引きをする（例：1年に1回も使わないものは捨てる）
- 場内で使用する備品の個数を明確にする（例：包装室内のボールペンは3本）
- 場内に予備品を置かない（例：ガムテープの使用量が1日5本であれば、毎日5本だけ持ち込む）
- 劣化しやすいものは代替品に変更する（例：プラスチックのバインダーをステンレス製に変え、プラスチックのものは排除する）
- 場内への持ち込み品を管理する
  ・なくなりやすい持ち込み物は排除・禁止する（例：輪ゴム、ゼムクリップ、消しゴム）
  ・パーツがなくなりやすい持ち込み物はパーツのないものに変更する（例：キャップ式のペンをノック式のペンに変更し、キャップ式のものは排除する）
  ・持ち込み禁止物を具体的かつ明確に提示し周知徹底して管理する（図表4-3）

工場で使用するボールペンなど個人が管理する備品も、すべて工場が支給する（支給品以外は使用しない）ようにすると、管理がしやすくなります。混入した際に工場内にあるものかそうでないかが判定しやすく、また、個人の私物の持ち込み禁止も徹底しやすくなるからです。

「いるもの」「いらないもの」の分類方法　　　　図表4-4

いらないものの基準を明確にしたにもかかわらず、整理がなかなか進まないということも起こりがちです。そのような時には、場内のものを「いるもの」「いらないもの」と「保留するもの」の3つに分けるのも有効な手段のひとつです。保留したものは一定期間（2～3か月程度）様子をみて、その間使用することがなければ思い切って廃棄（または排除）します。管理者と作業従事者で現場を巡回し、捨てるものをチェックするとよいでしょう。

5Sの実施内容②
「整とん」の基本とコツ

図表4-5　整とんの例

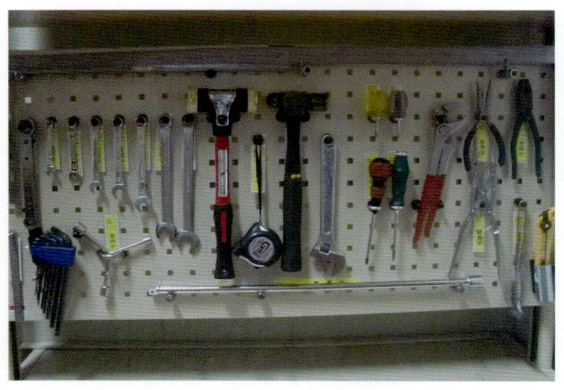

ものがなくなったら、ひと目で気づけるようにしておく

- 見えない場所がないようにする（棚の天板にはものを置かない）
- 人が入れない場所がないようにする（棚と壁の間を人が入れる程度にあける）
- すべてのものの置き場所を表示する（引き出し、棚などにも表示する）
- ひと目で見て、ものがなくなっていることに気づけるようにする（必要なものだけしか置けないようにする）
- 用途の異なるものを一緒に置かない（化学物質＝殺虫剤、シンナー、機械油などは、食品に接触する器具や食材とは接触しないようにして、別に整とんしておく）
- 作業中の動きを考慮して、ものの配置を決める（必要に応じ、作業場所の近くに一時置き場をつくる）

など

図表4-6　必要最低限の工具を従事者の身近で管理する例

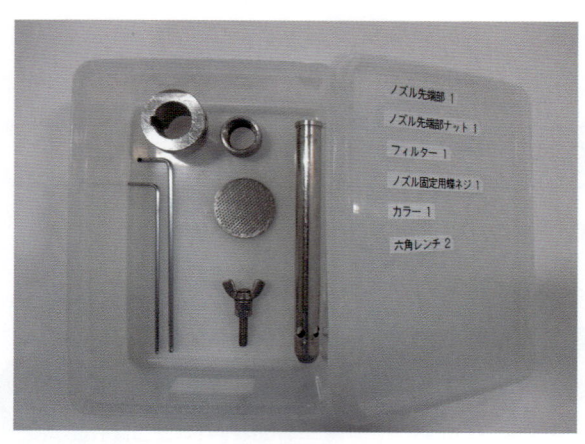 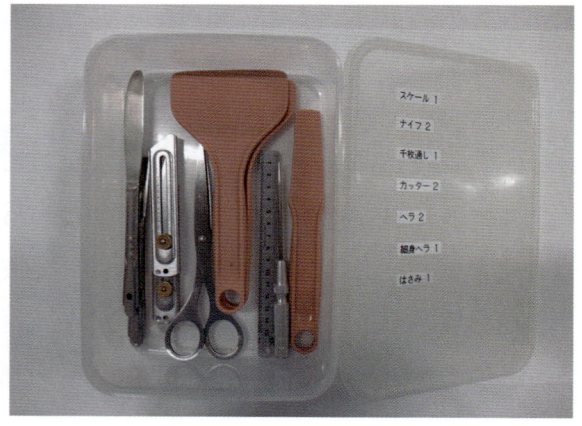

作業に使用する常時必要な工具類を手もとで管理する、「製造作業中の整とん」の例

写真提供：雪印メグミルク（株）（3点とも）

4 日常の管理体制の構築 ▶ 異物混入対策の基本 －5S－

 5S管理「整とん」の基本とコツを理解しましょう。

- ものがなくなったら、ひと目で気づける工夫
- 製造作業中の「整とん」の重要性

定位置・定数がひと目でわかる管理　　　図表4-5

　「整理」が終わったら、次に「整とん」でものの置き場所、個数、置き方を明確にします。定位置・定数管理ができていれば、必要な時にすぐに取り出せて、終わればすぐに戻しやすい状況が実現でき、なくなったものがあった時にすぐ気づくことができます。

　「整とん」の際には、「清掃」を意識して行います。清掃しやすい状態をつくることが必要なので、置き場所の決定にも工夫が必要です。たとえば、大きなものは壁から離して（45cm目安）清掃可能なスペースをつくる、棚は最下段を床から離して（30cm以上）常に点検・清掃が可能な状態にしておくなどです。

　作業中に必要な機械の部品や文具、消耗品などは、置き場所を決めたら、何を、いくつ置くのかを明示します。この時に意識すべきなのは、「ものがなくなったら、ひと目で気づける工夫」です。たとえば、工具のシルエットをつけたボードに工具類を保管する、文具の保管はウレタン材をくり抜いた穴にはめ込んで行うなど、「ひと目で気づける工夫」にはいろいろあります。

製造作業中の「整とん」　　　図表4-6

　「整とん」での落とし穴は、製造作業中の「整とん」です。備品や工具、文具などの整とんの基本は「使ったら戻す」ですが、製造作業中にいちいち元あった場所に戻すのは、難しい場合もあります。「またすぐに使うから、ちょっと近くに置いておこう」という作業従事者の気持ちはよくわかります。しかしその結果、場内でいわゆる「チョイ置き」が横行すると、製造ライン近くにものを置く行為が出始め、異物混入のリスクが高まります。

　つまり「整とん」で決める置き場所には、製造終了後に片づける場所だけではなく、製造作業中に置いておく、あるいは手もとで管理する場所も含まれるのです。共有用のものの置き場のほかに製造ライン用や個人用のものの置き場にも目を向けて、常に定数管理を意識しましょう。そして、備品や工具のスペアは置かないようにします。

　製造作業中の置き場所は、従事者の作業動線や使用している備品・工具などを考慮し、製品に対して影響が出ない、異物混入につながる危険性が極めて少ないところにする工夫が必要です。「なくなったら、ひと目で気づける工夫」を施して備品を収めたカートと従事者が一緒に移動するという方法をとる場合もあります。

5Sの実施内容③
「清掃」の基本とコツ

図表4-7 清掃計画表の例

対象	内容（場所・部位）	判断基準	手段・方法・対応	実施頻度	担当	記録確認	確認頻度	責任者
床	全般	当日の残さがない	掃き掃除と洗剤洗浄	日に1回	エリア従事者	製造日報	週に1回	○○
	○○機械の下部	古い粉だまりがない	掃除機による吸引	週に1回	工務担当	工務日報	月に1回	▲▲
シンク	全般	カビ・サビおよび当日の残さがない	洗剤使用による磨き上げ、水切り、アルコール消毒	日に1回	エリア従事者	製造日報	日に1回	○○
排水溝	溝・升	当日の残さがない	洗剤使用によるこすり洗い	日に1回	エリア従事者	清掃日報	週に1回	○△
	天板（グレーチング）	ぬめり水垢がない	洗剤使用によるこすり洗い	日に1回	エリア従事者	清掃日報	週に1回	○△
製造機械A	製品接触面・装置外装	カビ・サビおよび当日の残さがない	中性洗剤による洗浄	日に1回	エリア従事者	製造日報	日に1回	○○
	機械内部・スイッチボックス	古い残さがない	掃除機による吸引	月に1回	工務担当	工務日報	月に1回	▲▲
その他	付属配線・上部配管	古い残さが堆積していない	業者による専用清掃	2か月に1回	業者A	作業報告書	立会いごと	××

図表4-8 管理エリアの設定事例（製パン工場の例）

工場内すべての場所に対し、清掃担当者がもれなく明確になるようエリア分けを行います。

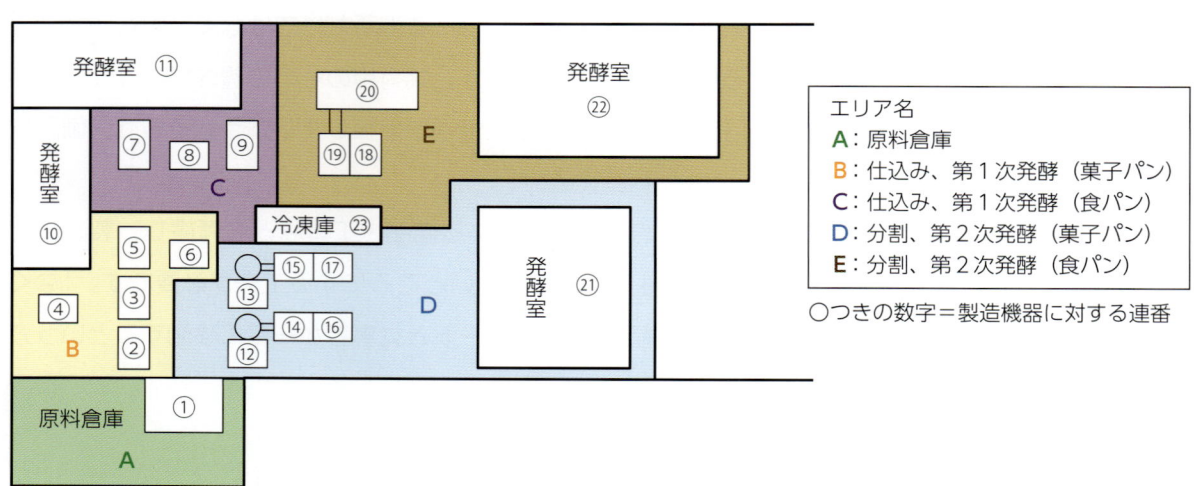

4 日常の管理体制の構築 ▶ 異物混入対策の基本 －5S－

 5S管理「清掃」の基本とコツを理解しましょう。
・清掃のルールその1「できばえの基準」
・清掃のルールその2「清掃の実施頻度」

たいせつなのは手順や方法よりも「できばえ」　　図表4-7

　「清掃」とは、ゴミや汚れがないように掃除を行うことです。食品工場においては、食品に化学物質汚染や異物混入が起きないように、ルールを決めて清掃を行うことを意味します。しかしルールといっても、手順や方法といった内容を細かく決めることが必要なのではなく、重要なのは「できばえの基準」を明確にすることです。手順や方法を細かく決めたとしても、仕上がりには個人差が出ます。しかし「できばえの基準」を決めておけば、仕上がりには差が出にくくなります。

　「できばえの基準」は、清掃の目的により異なります。目的とはたとえば「微生物の除去」「昆虫の発生防止」「残さの除去」「アレルゲンの除去」「洗浄剤の残留防止」といったもので、「微生物の除去」を目的にするならば殺菌が必要ですが、「昆虫の発生防止」であればそこまでの必要はありません。

　異物混入防止という点だけに注目するならば、清掃の「できばえの基準」は、目に見える（異物になり得る）ものがなくなっていれば十分です。具体的には「当日の残さがないこと」「粉だまりがないこと」などのルールでOKです。この基準さえしっかりしていれば、従事者は手順や方法は違っても、基準に達するまで清掃しようとします。結果として、誰が実施しても終了時の成果は同等になります。ただし清掃により従事者のケガや機器の破損が予想される時には、手順や方法も決めておく必要があります。

きちんと決めておくべき実施頻度と対象範囲　　図表4-8

　「できばえの基準」をきちんと達成するために必要なルールが、清掃の「頻度」と「対象範囲」です。「できばえの基準」が「食品の残さがないこと」であるならば、製造中に残さが残る可能性があるところの清掃頻度は「1日1回（1日に数回の場合も）」となります。

　問題になりやすいのは、あまり汚れない場所です。そこで、工場内すべての場所をきちんと清掃できるようエリア分けを行い、担当者を決めます。まずは仮決めした頻度で清掃を始め、汚れ具合をみて適切な頻度に変更するようにしてください。原料の粉がたまるような場所では、その部分で発生が予想される貯穀害虫の発育期間から清掃頻度を求めることもできます。その場合は、卵から成虫になる期間より短いタイミングで清掃を行います。いずれにしても、工場内すべての場所がもれなく管理されている状況をつくりだすことが重要です。

5Sの実施内容④
「清潔」「しつけ」の基本とコツ

図表4-9　清潔の維持管理のための点検とフィードバック

❶ ルールを踏まえて現場を確認する
ルールを踏まえておくと、不要物や清掃不良がみられた時に原因の推察がしやすい。
例：清掃がルール通りに実施されていない
　　⇒ルールの伝達方法の見直しが必要かも。
　　清掃はルール通りなのに残さがある
　　⇒ルール自体の見直しが必要かも。

❷ 類似した問題点を探す
問題点の発見時に類似した問題の有無も確認すると、原因をしぼり込みやすい。
例：類似した問題が多く発生している
　　⇒3S（整理・整とん・清掃）のルール自体や「しつけ」に問題が？
　　1つの部署でばかり発生している
　　⇒その部署特有の問題が？

❸ 従事者の意見を聴く
従事者の意見を聴くことは、原因究明のために絶対に必要。思いがけない問題がわかることもある。

❹ 解決策を現場従事者と話し合う
❶～❸で得た情報をもとに原因と対策を従事者とともに考える。この時「ルールの作成・伝達・確認方法」「原因究明や対策の立案」など活動自体の問題点についても話し合う。解決策を一方的に押しつけるのではなく、現場の従事者と話し合うことで現場に則した解決策が得られ、従事者自身のスキルや意識が向上する。

❺ 一方的に怒らない
一方的に怒ると、従事者が意見を言わなくなったり、現場の悪いところを隠したりすることが起こる。従事者からの意見が吸い上げられなくなり、改善が進まなくなる。

図表4-10　ルールを伝えるとは

1. 「やること」、「すべきこと」だけを伝えても意味がない
2. 「何のため」、「どこまでする」を伝えることが重要
3. 「資料を渡すだけ」は問題外。資料は伝えるための補足でしかない
4. 伝わったかは必ず確認を

図表4-11　叱る＝できない理由を聞き出す

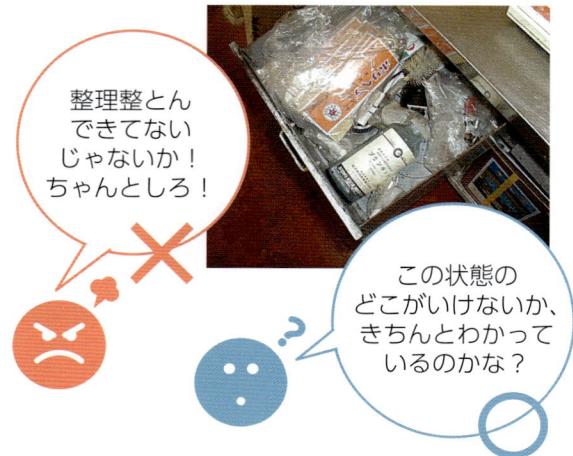

図表4-12　たいせつなのは例外を許さないこと

5Sを始めた時に「やるぞ！」と意欲満々の従事者と「やりたくないなあ」と後ろ向きの従事者とはいずれも少数で、大半の従事者は周囲に流されている。そのため、5S活動が浸透し始めた状態で少数のルール違反や例外を見逃すと、すぐに5S開始前の状態に逆戻りしてしまう。

4 日常の管理体制の構築 ▶ 異物混入対策の基本－5S－

> **Point** 5S管理「清掃」「しつけ」の基本とコツを理解しましょう。
> ・「教える」「実施させる」「確認する」を繰り返す教育訓練
> ・命令・叱責ではなく「聞き出す」ことがたいせつ

維持管理としての「清潔」 図表4-9

　整理・整とん・清掃された清潔な状況を維持するためには、どのような活動が必要でしょうか。それは「点検」と「フィードバック」です。

　「点検」では、整理・整とん・清掃の「できばえの基準」を、点検する側とされる側で共有する必要があります。この共有のための活動が「教育訓練」です。点検結果のフィードバック（結果を参照して原因＝おおもとを検証・見直し・改善する）時に、双方が忌憚なく点検結果の評価について意見交換できるように配慮しましょう。その意見交換を重ねることにより、「できばえの基準」がより現実的で効果的なものに仕上がり、清潔な状況の維持管理が実現します。

教育訓練としての「しつけ」 図表4-10、図表4-11

　「しつけ」は、整理・整とん・清掃の3Sを的確に実施させるための手段です。5Sの「しつけ」は作業従事者への命令や管理ではなく「教育訓練」と考えるべきで、必要なのは「教える」「実施させる」「確認する」の3項目になります。

　教育訓練で「3Sのルールを伝えるだけ」「文書化されたルール（マニュアル）を渡すだけ」では、従事者全員が同じような成果を出すことはできません。3Sのルールを伝える際には目的を伝えることがたいせつです。目的を理解すると、やる（実施する）意味や意義がわかります。

　ルール作成者が一緒に、実際に実施することも重要です。口で言うだけでは伝わらないことも、一緒に実施すれば伝わります。相手に正確に伝わったか、きちんと理解できているかの確認もできます。また、ルール作成者自身がルールの良し悪しを体感しておかないと、実施の際の問題点や、注意して行うべき点、やりづらい点などをきちんと伝えられず、今後、実施状況の評価も行うことができません。

5Sの構築と徹底
5S活動の進め方

図表4-13　一斉清掃の手順例

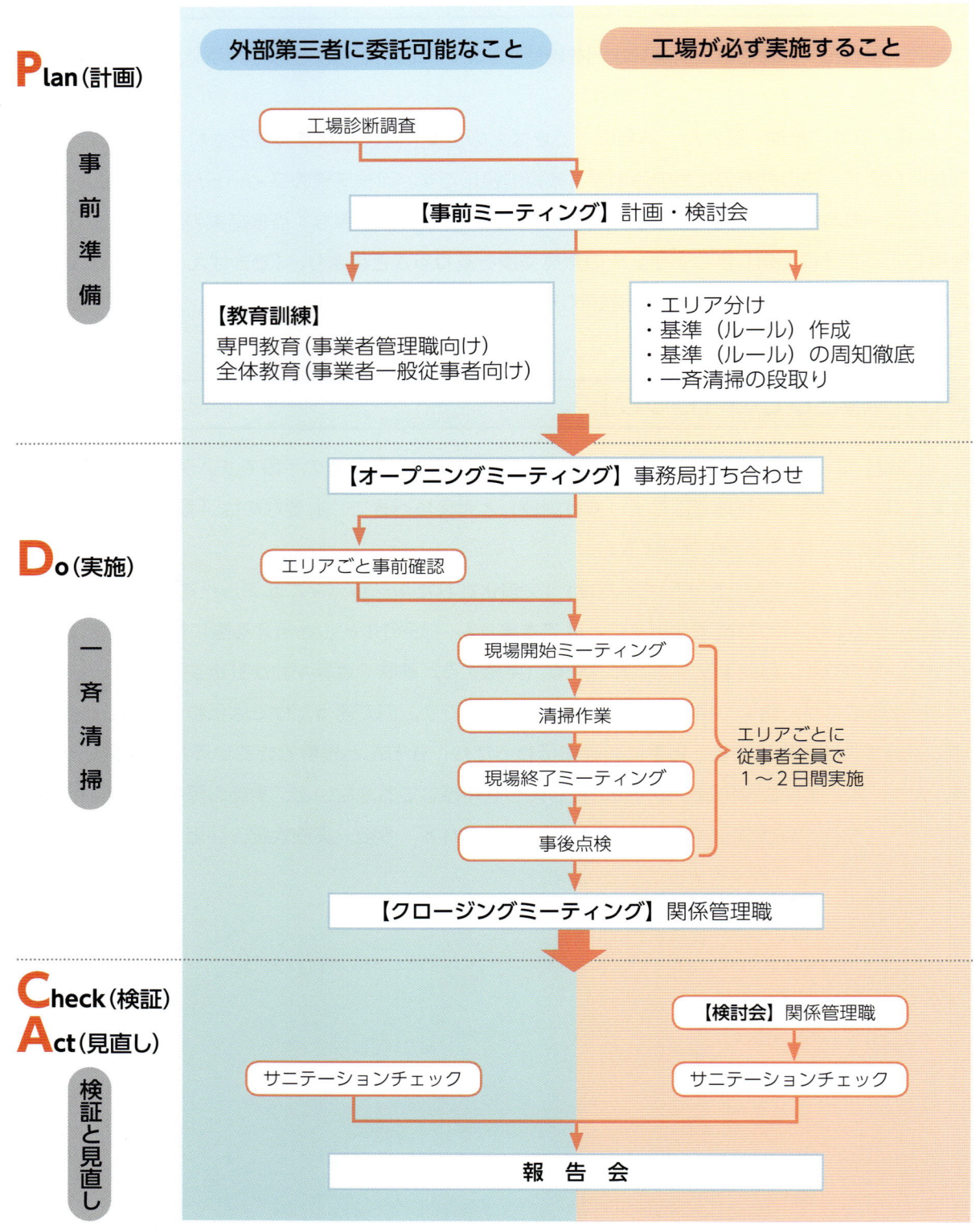

4 日常の管理体制の構築 ▶ 異物混入対策の基本 －5S－

Point **5S活動を構築して徹底させましょう。**

・「一斉清掃」で5Sの基礎づくり
・経営トップのコミットメントと率先垂範が必要

5S構築方法「一斉清掃」　　　図表4-13

　ここでは5Sの仕組みづくりを短期間で構築する活動をご紹介します。いわゆる「一斉清掃」と呼ばれる一連の活動で、その特徴は

・現状診断　・ルールづくり　・5S教育
・整理・整とん・清掃の実施、点検、フィードバックまでのPDCA活動

を全員が体験することで、一気に仕組みの基礎をつくり上げようというものです。外部のコンサルタントの力を借りることも有効です。一斉清掃の大きな流れは図表4-13の通りですが、ポイントとなる活動をピックアップすると次のようになります。

> **1 経営者のコミットメント**
> 　異物対策に本気で取り組むことを宣言します。
> **2 工場診断調査**
> 　工場内の異物対策面、5S面の問題点をすべてピックアップし、リスト化します。
> **3 一斉清掃のための5S基準づくり**
> 　不要物の定義、清掃のできばえの基準などを決めます。
> **4 集合研修**
> 　異物混入と5Sの関係、工場の現状、取り組みの流れを詳しく解説します。その際に調査で採取した不要物の現物を見せ、感想文を提出してもらうとより理解が深まります。
> **5 一斉清掃の実施**
> 　全員で無理のない日程で行います。
> **6 サニテーションチェック（衛生状況点検）**
> 　診断調査に基づいて作成したチェックシートを使い、各部署ごとに改善状況を診断します。チェックは2名以上が別々に実施し、その結果をすり合わせることで、今後の維持管理の精度が向上します。
> **7 維持管理のためのルールづくり**
> 　一斉清掃が終了し、その結果の評価およびフィードバックが終わったら、5S管理のためのルールをあらためて整備します。一斉清掃後の状態を維持し、異物混入を起こさないという経営トップのコミットメントをもって一旦クローズし、次の段階の維持管理へ進みます。

異物混入事例集

事例 1　惣菜パンにコバエ

商　　　品　　ウインナー入り惣菜パン
苦情内容　　5個中、1個にコバエ混入
異物の鑑定（同定）　キイロショウジョウバエ

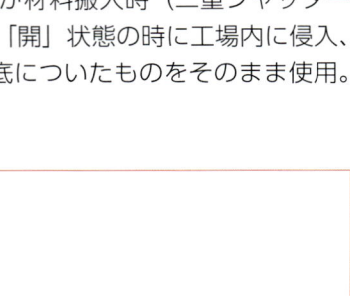

混入原因および混入経路の推定

　キイロショウジョウバエがパンの底に付着。工場外から飛来してきた虫が材料搬入時（二重シャッターの外側シャッター「開」状態時）にステーション内に入り、内側シャッター「開」状態の時に工場内に侵入、または工場内部で発生したものが、パン冷却コンベア上に落下し、パンの底についたものをそのまま使用。袋詰め検品時にも見逃し、製品として出荷されたと思われる。

再発防止対策

① 材料搬入ステーション（二重シャッター）内に光誘引捕虫器を設置。
② 材料搬入作業の時間短縮。
③ 材料の納品は時間指定を行い、シャッター開閉時間を短縮。
④ 作業開始前チェックの強化。天井、機械カバー等の目視チェックを義務づけ。
⑤ 検品担当者に現物を見せ、検品時のチェック強化を指導。
⑥ 工場網戸の点検を実施。
⑦ 工場内、溝、壁のコーナー、機械下部など、死角となる箇所の総点検、および清掃を実施。

事例 2　冷凍総菜の袋の中にゴキブリ

商　　　品　　冷凍和風総菜
苦情内容　　開封時、袋の中からゴキブリを発見
異物の鑑定（同定）　クロゴキブリ中齢幼虫

混入原因および混入経路の推定

　現品を確認したところ、混入していた虫はゴキブリ科のクロゴキブリの中齢幼虫であると判明。工場内を調査したところ、包装機の周辺の計量器防水カバーの内側にゴキブリの糞のようなものを確認。
　苦情品製造日直前に工場内で殺虫駆除および清掃を実施しており、混入原因については、殺虫作業で駆除されたものがラインに落下して、清掃作業の際にも見過ごされたものと考えられる。また、製造ライン移動中に機械の振動等により製品の中に落下、包装された可能性もある。

再発防止対策

① 工場内外の臨時殺虫駆除および清掃を実施。
② 専門業者に依頼して実施していた工場内の昆虫類生息調査（モニタリング）の結果を、過去のデータも含め再検証。
③ 殺虫駆除の後の清掃の仕方について、今回の件を教訓として注意点を整理しマニュアル化。
④ 作業員に対し、異物混入の重大性を再度認識させるとともに教育を徹底。

異物混入対策はどの工場でも日々なされています。それでも発生してしまった混入苦情への対応事例（報告・回答書）をもとに、実際の混入経路やその後の再発防止対策をご紹介します。

事例 3　ベーキングパウダーの中に生きた幼虫

商　　品　　　ベーキングパウダー
苦情内容　　　粉の中に生きた幼虫がいた
異物の鑑定（同定）　ノシメマダラメイガの幼虫、さなぎ、脱皮殻

混入原因および混入経路の推定

　現品調査の結果、ノシメマダラメイガ6齢幼虫2頭（生きている）と、5齢幼虫脱皮殻、頭などと、さなぎの状態で死んだものを確認。ノシメマダラメイガは卵5〜10日、幼虫22〜45日、さなぎ5〜15日というライフサイクルをもち、植物性食品を加害。当該製品中から確認されたものは卵から孵化した後、大体28日位経過していると推定された。また、袋底部の外包装と内袋との間には、茶褐色の幼虫の糞も確認された。苦情現品は製造日から5か月ほど経過していることから、混入虫は幼虫の状態で、発見された時点から1か月以上前に当該商品に外部から侵入したものと推定される。

　袋の口封は現品の状態からはよくわからないが、製造時の接着強度に不十分な点があり、流通中に弱くなり、保管中にその箇所からノシメマダラメイガの幼虫が侵入したものと思われる。

再発防止対策

① 口封について、機械の調整と検品を強化し、強度の弱いものが製造されないよう管理。
② 清掃・整備・点検について見直し、その徹底に尽力。
③ 防虫専門業者によるモニタリングの精度を高めるとともに、別途フェロモントラップを増設、ノシメマダラメイガの侵入増殖兆候の早期把握に尽力。

事例 4　パスタの袋を開けたら白い虫

商　　品　　　パスタ（乾麺）
苦情内容　　　開封したら白い虫が入っていた
異物の鑑定（同定）　タバコシバンムシの幼虫、脱皮殻

混入原因および混入経路の推定

　タバコシバンムシの幼虫は穿孔能力が高く、小麦粉、菓子類のほかに乾麺、鰹節、種子などを加害する。成虫は年2〜3回発生し、寿命は20〜25日。日本では本州以南に広く分布している。当該苦情品の包装袋には本種によって生じたものと思われる穿孔痕および、ためらい傷（表面を少しだけかじりとることによって生じる傷）が認められるとともに、物理的に開けられたと思われる穴が確認された。苦情品の包装袋はすでに開封されていることなどを勘案すると、内部への混入時期については不詳である。なお、製品内にはタバコシバンムシによる脱皮殻および食痕が認められた。混入原因については、製品出荷後の流通段階および購入後の保管時のいずれかにおいて侵入したものと推察。

再発防止対策

① 工場および製品倉庫については、専門業者による定期的防虫駆除を実施しているが、さらに品質管理を徹底。
② 専門業者設置のモニタリングトラップに加え、誘引フェロモンを応用したトラップを独自に増設。作業場内へのタバコシバンムシの侵入増殖の兆候の早期把握に尽力。

※写真はすべて資料写真です。

異物混入事例集

事例 5　チーズに埋もれたネジ

商　　品　　プロセスチーズ
苦情内容　　チーズ中にネジが埋もれていた
異物の鑑定（同定）　4mm×15mmのアルミ製ネジ

混入原因および混入経路の推定

　現品を確認したところ、チーズをアルミ容器へ充填した後に底蓋をし、熱圧着させるためのヒーター板を留めているネジのうちの一つであることが判明。製造日当日の製造日報から、当日は圧力をかける装置が断線するトラブルがあり、当該箇所を分解掃除していたことも判明。修理後のネジの留め方が不十分で、製造中にネジがゆるみ、脱落して製品中に混入したものと推察される。当該箇所は通常手を触れる箇所ではなく、また装置の陰になって目に触れることもあまりない箇所である。また、この板を留めているネジは全部で4箇所あり、当該ネジ以外はすべて正常に締められていたため製造に支障はなく、苦情の発生時までネジの脱落を発見できなかった。本品の製造工程では、充填後に金属検出機を通しているが、今回のネジがアルミ製であったために検出できなかったものと思われる。

再発防止対策

① 万一の時に金属検出機で検出できるよう、充填機のすべてのネジをステンレス（クロム系）製に変更。
② ネジ類の脱落防止のため当該ネジについてもネジ留め剤（接着剤）を使用して締めつけ固定。
③ 分解修理時および修理後の巻き締め確認の徹底を指示。特にネジ類については1つずつ確実に行うよう、作業員に現物を提示したうえで厳重注意。

事例 6　中華総菜の瓶からホチキス針

商　　品　　瓶詰め中華総菜
苦情内容　　喫食中にホチキス針で口中をケガ
異物の鑑定（同定）　ホチキスの針

混入原因および混入経路の推定

　ホチキス針を確認したところ、一般に使用される汎用品であった。変色や腐食はなかった。作業場内では、原料や調味料の包装資材にホチキスを使用しているものはなかった。使用原料は仕入れ後1年ほど経過しており、酸や塩分を含んだ原料中で腐食が進んでいないことは考えにくい。工場内へ持ち込む書類へのホチキス針不使用ルールが完全には守られていなかった可能性がある。当該商品は充填工程で金属検出機を導入している。混入異物を通したところ、反復して検出除去された。金属検出機の作動点検は2時間おきに実施。事故品製造当日も正常に作動している。金属検出機で除去された後、再び正常品のラインに流されてしまったものと考えられる。

再発防止対策

① ホチキス不使用ルールを工場だけではなく事務所へも拡大。
② 金属検出機で検出した後の正しい処置の徹底。
③ 金属検出機で検出除去された製品は速やかに専用の赤い箱に移動するルールの徹底。
④ 赤い箱に移された製品は専任の品質管理担当職員が処置。
⑤ 検出除去された製品は中身を瓶から取り出し、金属の有無を確認。金属が発見された場合には工場長に連絡し指示を確認。

事例 7　スープの中にステンレス製の針金

商　　品　　　粉末スープ
苦情内容　　　喫食時に口中で針金状の異物に気づく
異物の鑑定（同定）　2mm×0.6mmのステンレス製の針金

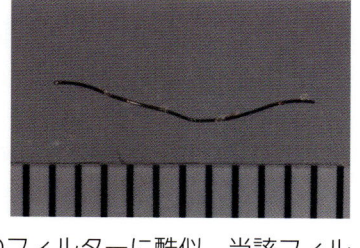

混入原因および混入経路の推定
　苦情現品を確認したところ、原料の投入口に設置してあるステンレス製のフィルターに酷似。当該フィルターを精査したところ、破損に気づいた。製造工程には金属検出機が設置され、金属異物の検出を実施しているが、混入異物の材質とサイズでは100％検出できないことを確認。製造工程に設置していたフィルターが老朽化により破損し原料中に混入したものと推察される。フィルターの損傷がいつ生じたかわからないことから、当該商品を含め、製造ラインを共有している一部の商品を自主的に回収した。

再発防止対策
① 苦情品の製造日以降、フィルターを太い針金製のものへ変更。万一混入した場合でも金属検出機で検出可能となるように対応。
② フィルターの定期的な点検と損傷発見時の対応マニュアルを作成。
③ 金属検出機の感度チェックを、引き続き徹底。

事例 8　肉団子を食べたら5mmほどのガラス片

商　　品　　　肉団子
苦情内容　　　喫食中に4mmくらいの鋭利なガラス様のものの混入に気づいた
異物の鑑定（同定）　ガラス片

混入原因および混入経路の推定
　苦情現品を調査したところ5mm×2mmの不定形のガラス片と判明。水平面に汚れ状の付着物が確認された。作業場内のガラス製器具類について破損箇所を調べたが該当するものは発見できなかった。混入経路については、原材料である玉ねぎやパン粉に混入していた可能性が高いと判断した。

再発防止対策
① 原料玉ねぎの水洗洗浄作業を強化、目視選別後水槽に投入する量を60kgから40kgに変更、付着物の分離の効率化を実施。
② 異物除去の精度を上げるため、パン粉のふるいサイズをより細かくするようパン粉メーカーに打診。
③ 原料受け入れの際の開封前検品を強化。
④ 原材料袋の綴じ口への付着物除去を徹底。

※写真はすべて資料写真です。

異物混入事例集

事例 9 みかん缶詰に大きな木片

商　　　品　　みかん缶詰め
苦 情 内 容　　缶を開けたら大きな木片が入っていた
異物の鑑定(同定)　40mm×24mm×14mmの木片。ノコギリによる切断痕あり

混入原因および混入経路の推定

　工場内で同形、同サイズの木片の使用はなく、また、施設の修理なども行っていなかった。このサイズではみかんのロール選別機を通過しないこと、目視選別工程で果粒の下にあったとしても見逃すことは考えられないこと、また、空き缶は底を上にして運ばれ、充填手前で逆転することなどからすると、充填の直前から仮締めまでの間のライン上に置き忘れた木片が缶内に落下したと考えられる。溶接作業で高さを調節するために木片を使用することがあり、製造日の数日前にこの作業を行っていることから、これが原因の可能性が高いと考えられる。

再発防止対策

① 製造機械修理時の異物混入対策マニュアルを作成。
② 工事依頼時に、外部業者にマニュアルを渡し、説明・確認を実施(マニュアル内容＝置き忘れ・ゴミ放置の厳禁、清掃の徹底、責任者による工事終了時の確認・報告　など。そのほか、衛生的行動全般について)。
③ 工事実施の際は、工場担当者もマニュアルが守られているかを確認。清掃の終了確認を実施。

事例 10 クラッカーに付着物

商　　　品　　クラッカー
苦 情 内 容　　喫食時に商品に変なものが付着しているのを発見
異物の鑑定(同定)　クラッカーの微粉と化学繊維、木綿繊維、塩、油脂の塊

混入原因および混入経路の推定

　計量前のクラッカーを搬送するベルトコンベアのキャンバスに付着するクラッカーの微粉をかき落とすスクレーパーに蓄積した菓子粉とベルト繊維の混合物が脱落し、クラッカーに付着したものであった。

再発防止対策

① スクレーパー付着物の・作業前　・作業中　・作業後の点検と清掃、付着物除去。
　※ 焼き菓子の製造工程で、焙焼後、包装までの間に長いラインを流れる場合、菓子の表面同士が接触、こすれ合い、菓子の微粉が発生する。この微粉が原料に使用した食塩、砂糖や油脂類の粘度により、工程のいろいろな場所に蓄積する。これが流れる菓子によりはがれ落ち、菓子に付着し異物となることは多い。この蓄積場所を発見することが防止対策となる。

5 異物混入事例集

事例 11　せんべいに針金

商　品　　草加せんべい
苦情内容　せんべいを割ったら、針金のようなものに気づいた
異物の鑑定（同定）　40mm×0.25mmの銅線

混入原因および混入経路の推定

工場内で使用する電気配線コードの撚り線と太さが一致したため、配線コードの可能性が高いと考えられる。せんべいの成型までの工程、あるいはその周囲で電気配線工事が行われた時に、カットされた被覆線の撚り線が抜け落ち、清掃後もライン上に残留し、せんべい生地の中に混入したと考えられる。

再発防止対策

① 工事時の異物混入対策マニュアルの作成。
② 工事業者への清掃と作業終了後の確認作業の徹底依頼。
③ 工場担当者による確認の実施。
　※ 製造機械、設備などの補修工事後に部品、廃棄物などが食品に混入することがしばしば起こる。対策は事例9と同様である。

事例 12　牛肉ハムに生きたハエの幼虫

商　品　　牛肉ハム（窒素充填、要冷蔵）
苦情内容　牛肉ハムの一部を食べ、その3日後に残りを食べようとしたところ、白い小さな虫を発見
異物の鑑定（同定）　体長約3mm、約30匹のハエの幼虫。
　　　　　　　　　　　クロバエ科のヒロズキンバエ（成虫まで飼育し同定）

混入原因および混入経路の推定

6/2製造、6/7購入、6/14開封、6/17再開封→幼虫発見（製造15日後）。卵が入手可能なイエバエで再現試験を実施。酸素の有無、10℃・常温保存の各条件で14日間飼育。有酸素で常温の場合のみ3日で孵化し（幼虫となり）、そのほかの条件ではすべて14日までに孵化しなかった。また、ハムは有酸素・常温の場合、1日後に退色、2日後に緑変・腐敗が始まるため、幼虫が観察される場合は、製品自体に肉眼で観察できる変化が生じていることになる。よって、製造作業中のわずかな時間にハエが卵を産みつけ、さらに包装にピンホールがあり、常温下にさらされ、消費者の手元で製品表面の変化が見逃されるといういくつもの条件の重なりが必要となる。一方、消費者宅での混入の可能性もないとはいえないが、真の原因は不明といわざるをえない。

再発防止対策

① ハエ類の誘引源となる生ゴミ集積場の洗浄、消臭、および殺虫の徹底。
② ハエ類の侵入防止対策の強化。
③ 工場内の捕虫対策の強化。

出典（写真共）：「食品異物混入クレームデータ集」林喬（環境文化創造研究所，2001）

工場でよくみられる害虫プロフィール

昆虫類	内部発生	湿潤
		乾燥
	外部侵入	飛翔性
		歩行性

加熱調理室
1年を通じて暖かい場合が多く、カビや虫が発生する危険性

下処理室：湿潤環境
排水溝や水たまりの汚泥などからコバエが発生する危険性

 1 チョウバエ類 p.130
 5 ノミバエ類 p.130
 9 ヒメマキムシ類 p.131
2 ニセケバエ類 p.130
6 ハヤトビバエ類 p.130
 10 チャバネゴキブリ p.131
3 ショウジョウバエ類 p.130
7 チャタテムシ類 p.131
 11 クロゴキブリ p.131
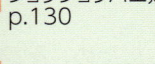 4 ヤマトクロコバエ p.130
8 ハネカクシ類 p.131

原料保管室
穀類やデンプンが原料の場合、管理次第で貯穀害虫が大量発生する危険性

 7 チャタテムシ類 p.131
 12 ホソヒラタムシ類 p.131
 8 ハネカクシ類 p.131
 13 シバンムシ類 p.132
 9 ヒメマキムシ類 p.131
 14 カツオブシムシ類 p.132
 10 チャバネゴキブリ p.131
 15 メイガ類 p.132
 11 クロゴキブリ p.131
 16 コクヌストモドキ類 p.132

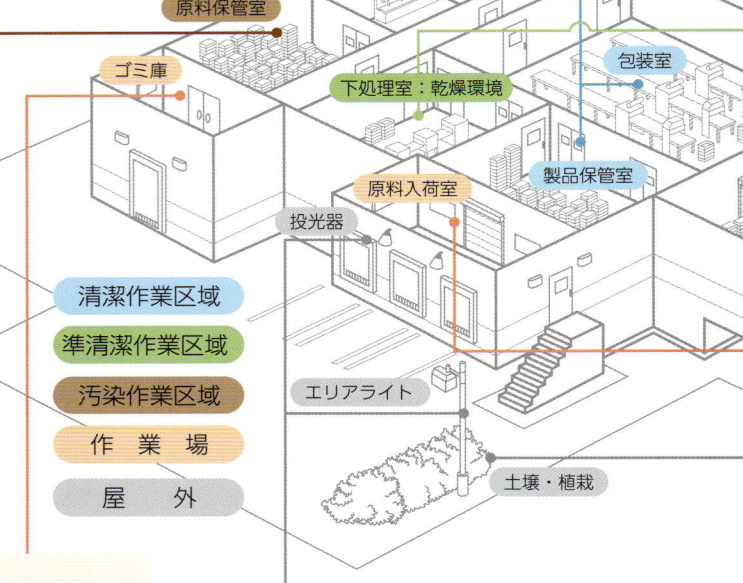

事務所／従業員入口／加熱調理室／手洗い場／下処理室：湿潤環境／原料保管室／ゴミ庫／下処理室：乾燥環境／包装室／製品保管室／原料入荷室／投光器／清潔作業区域／準清潔作業区域／汚染作業区域／作業場／屋外／エリアライト／土壌・植栽

ゴミ庫
保管状況の悪いゴミからのコバエの発生や、臭気による虫の誘引の危険性

 2 ニセケバエ類 p.130
 17 イエバエ類 p.132
 34 ヤスデ類 p.135
 3 ショウジョウバエ類 p.130
 18 クロバエ類 p.132
 35 ゲジ類 p.135
 4 ヤマトクロコバエ p.130
 19 ニクバエ類 p.133
 36 ムカデ類 p.135
 5 ノミバエ類 p.130
 20 トゲハネバエ類 p.133
 37 クモ類 p.136
 6 ハヤトビバエ類 p.130
 21 ハマベバエ類 p.133
 38 ハサミムシ類 p.136
 10 チャバネゴキブリ p.131
 32 アリ類 p.135
 11 クロゴキブリ p.131
 33 ワラジムシ類 p.135

投光器　エリアライト
紫外線をカットしていない照明器具が、飛翔性昆虫を誘引する危険性

 20 トゲハネバエ類 p.133
 26 カメムシ類 p.134
 21 ハマベバエ類 p.133
 27 ハチ類 p.134
22 アブラムシ類 p.133
28 ガガンボ類 p.134
23 アザミウマ類 p.133
29 ユスリカ類 p.134
24 ウンカ・ヨコバイ類 p.133
 30 クロバネキノコバエ類 p.134
 25 アリ類（羽アリ） p.134
 31 タマバエ類 p.135

128

6 工場でよくみられる害虫プロフィール

一般的な食品工場に発生・侵入する虫を紹介します。

・図中の番号は、次ページからの害虫番号に対応しています。
・害虫の詳しい情報は次ページから掲載しています。

包装室
空調機内のカビなど思いがけないところから虫が発生する危険性

 7 チャタテムシ類 p.131
 8 ハネカクシ類 p.131
 9 ヒメマキムシ類 p.131

製品保管室
包装済の製品に付着して虫が移動したり、長期保管された製品から虫が発生する危険性

 7 チャタテムシ類 p.131　12 ホソヒラタムシ類 p.131　15 メイガ類 p.132
8 ハネカクシ類 p.131　13 シバンムシ類 p.132　16 コクヌストモドキ類 p.132
9 ヒメマキムシ類 p.131　14 カツオブシムシ類 p.132

下処理室：乾燥環境
食品残さのライン下や機械内への付着、粉だまりなどでコバエや貯穀害虫発生の危険性

11 クロゴキブリ p.131　14 カツオブシムシ類 p.132
7 チャタテムシ類 p.131　9 ヒメマキムシ類 p.131　12 ホソヒラタムシ類 p.131　15 メイガ類 p.132
8 ハネカクシ類 p.131　10 チャバネゴキブリ p.131　13 シバンムシ類 p.132　16 コクヌストモドキ類 p.132

原料入荷室
原料に付着して貯穀害虫などが持ち込まれたり、シャッターのすき間や開口部から虫が侵入する危険性

製品出荷室
出荷製品に虫が付着して持ち出されたり、シャッターのすき間や開口部から虫が侵入する危険性

22 アブラムシ類 p.133　28 ガガンボ類 p.134　34 ヤスデ類 p.135
23 アザミウマ類 p.133　29 ユスリカ類 p.134　35 ゲジ類 p.135
24 ウンカ・ヨコバイ類 p.133　30 クロバネキノコバエ類 p.134　36 ムカデ類 p.135
11 クロゴキブリ p.131　19 ニクバエ類 p.133　25 アリ類（羽アリ）p.134　31 タマバエ類 p.135　37 クモ類 p.136
17 イエバエ類 p.132　20 トゲハネバエ類 p.133　26 カメムシ類 p.134　32 アリ類 p.135　38 ハサミムシ類 p.136
18 クロバエ類 p.132　21 ハマベバエ類 p.133　27 ハチ類 p.134　33 ワラジムシ類 p.135

土壌・植栽
たまった落ち葉や風通しの悪い植栽が虫の隠れ処になる危険性

27 ハチ類 p.134　31 タマバエ類 p.135　35 ゲジ類 p.135
11 クロゴキブリ p.131　24 ウンカ・ヨコバイ類 p.133　28 ガガンボ類 p.134　32 アリ類 p.135　36 ムカデ類 p.135
22 アブラムシ類 p.133　25 アリ類（羽アリ）p.134　29 ユスリカ類 p.134　33 ワラジムシ類 p.135　37 クモ類 p.136
23 アザミウマ類 p.133　26 カメムシ類 p.134　30 クロバネキノコバエ類 p.134　34 ヤスデ類 p.135　38 ハサミムシ類 p.136

工場でよくみられる害虫プロフィール

昆虫類	内部発生	湿潤
		乾燥
	外部侵入	飛翔性
		歩行性

内部発生昆虫

1 湿潤 チョウバエ類

体長 1.3～5.0mm程度

発生時期 5～10月（特に8～9月）
室内では一年中発生

特徴 全体的に毛むくじゃら。おもに排水溝や水たまりの汚泥などから発生

対策 下水溝、浄化槽、配管中の汚れの定期的な清掃を行う

オオチョウバエ
©富岡康浩

2 湿潤 ニセケバエ類

体長 1.5～3.0mm程度

発生時期 春と秋に増加傾向がある

特徴 体は黒っぽいひょうたん形のものが多く、しっかりした棍棒状の触角をもつ。比較的水気の少ない排水溝などの汚泥や食品残さなどから発生

対策 汚泥、食品残さなどを取り除き、発生要因をつくらない

ニセケバエの一種
©富岡康浩

3 湿潤 ショウジョウバエ類

体長 2.0～3.5mm程度

発生時期 冬を除いて発生
室内では一年中みられる

特徴 眼が赤（赤黒）く、腹部はしま模様。食品残さなど発酵した腐敗植物から発生、これらに誘引される

対策 食品残さなど腐敗植物がたまりやすい箇所の定期的清掃がたいせつ。発酵食品や醸造物を扱う工場やゴミ捨て場などでは、外部からの誘引・侵入への対策も重要

キイロショウジョウバエ
©富岡康浩

4 湿潤 ヤマトクロコバエ

体長 2.0～3.0mm程度

発生時期 夏に多くみられる

特徴 体は黒色。脚の先のみ黄色っぽい。食品残さなどから発生。野外では堆肥、腐敗動植物などから発生

対策 室内での発生を防ぐには、食品残さを定期的に取り除く

5 湿潤 ノミバエ類

体長 1.0～5.0mm程度

発生時期 5～9月（特に7～8月）
室内では一年中みられる

特徴 湿潤環境のあらゆる有機物から発生。発達した脚部でひじょうに敏捷に動きまわり、わずかなすき間からも侵入する

対策 1mm程度の微小種に注意。すき間をふさいで侵入を防ぐ。においや光にも誘引されるので、これらの誘引・発生要因を場内からできるだけ取り除く

オオキモンノミバエ
©富岡康浩

6 湿潤 ハヤトビバエ類

体長 1.5～4.0mm程度

発生時期 晩春～初夏に最も多い

特徴 食品残さなどから発生。成虫はあまり飛翔せず発生源近くに留まることが多い。好塩性の種類も知られ、海岸などの海藻類から大発生することもある

対策 成虫が複数見られる付近に発生源がある場合が多い。食品残さや腐敗物を取り除く

ハヤトビバエの一種
©富岡康浩

6 工場でよくみられる害虫プロフィール ▶ 内部発生昆虫

- このコーナーでは「分類学」という昆虫の専門分野の知識なしで昆虫を見分けられるよう、表現を簡略化したり、害虫の防除(駆除)を目的としたグループ分けを行ったうえで、そのグループ名を「類」と名付けていることをご了承ください。
- 「体長」については、製造現場で問題となる、場内でよく捕虫されるものの大きさを目安として掲載しています。
- 製造工場での虫の見分けに役立つよう、捕虫紙などでの捕虫後の様子を優先して写真を掲載しています。

7 湿潤 チャタテムシ類

体長 1.0～3.0mm程度

発生時期 梅雨時～夏に多い
温度18℃以上・相対湿度70％以上で増殖

特徴 有翅と無翅の2タイプがいる。有翅のものは体に対して翅が大きい。無翅のものはひょうたん形のシルエットで、微小で色が薄いため確認しにくい。雑食性だが特にカビ類を好み、カビが生じた場所で大発生することがある

対策 カビを取り除き、湿度を下げてカビが発育しにくい環境にする

無翅（翅がないもの）

8 湿潤 ハネカクシ類

体長 1.0～3.0mm程度

発生時期 成虫は3～11月ごろにみられる

特徴 翅が短いため、体が4つに分かれて見える(実際は3つ)。工場では食品残さ、変質してカビの生えた食品、腐ったキノコや有機物が多い汚泥、カビの生えた場所などから発生

対策 食品残さや腐敗したものを取り除く。カビや汚泥のない清潔な状態を保つ

ニセユミセミゾハネカクシ
©富岡康浩

9 湿潤 ヒメマキムシ類

体長 0.8～2.0mm程度

発生時期 晩春～初夏に最も多い

特徴 触角の先端2～3節が大きい。成虫・幼虫ともに菌食性の昆虫として知られる。屋内ではカビの生じた乾燥食品、壁内部の断熱材などで発見されることが多い

対策 湿度を下げて、カビの生じにくい環境にする

ムナビロヒメマキムシ
©富岡康浩

10 湿潤 チャバネゴキブリ

©富岡康浩

体長 15mm内外

発生時期 室内では一年中みられる

特徴 体色は薄かっ色。ゴキブリのなかでは最も耐寒性が弱い。常に暖かく湿った場所を好み、コンロなどのまわりや暖房器具内などに多い

対策 食品残さや残飯などをきちんと片づけて、清潔に保つことが重要。粘着トラップなどを用いたモニタリングが有効

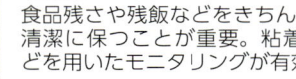
若齢虫

11 湿潤 クロゴキブリ

体長 30～40mm

発生時期 一年中

特徴 体色は黒かっ色。野外での越冬も可能であるため、屋外にも生息。飛ぶことができ、夜に開口部から屋内に飛翔して侵入してくることもある

対策 食品残さや残飯などをきちんと片づけて、清潔に保つことが重要。粘着トラップなどを用いたモニタリングが有効

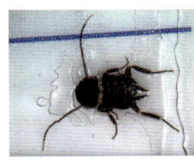
若齢虫

12 乾燥 ホソヒラタムシ類

体長 2.0～3.0mm程度

発生時期 夏～秋に多い

特徴 触角先端がふくらんでいる。成虫の寿命は長く6か月以上にもおよぶ。乾物や乾燥植物質、菓子類などの二次加工品に発生。狭い空間を好み、小型で平らな体で製品のわずかなすき間からでも侵入する

対策 すき間などに注意して定期的な清掃を行う

工場でよくみられる害虫プロフィール

13 乾燥 シバンムシ類

体長 2.5〜3mm程度
発生時期 晩春〜秋に多い
特徴
シルエットはだ円形だが殻（外骨格）が薄くて壊れやすく、捕虫紙上ではつぶれていることも多い。ほとんどすべての植物性の乾燥食品を加害。機械のすき間の粉だまりや貯蔵倉庫などから発生
対策
早期発見にはフェロモントラップなどを用いたモニタリングが有効。発生源（食品堆積物）の除去が重要

タバコシバンムシの幼虫 ©富岡康浩

14 乾燥 カツオブシムシ類

体長 3〜10mm程度
発生時期 3〜10月ごろ
特徴
乾燥動植物質を餌とする。電撃殺虫器内や窓サッシの昆虫死骸などからも発生。幼虫は強い穿孔力をもつので、包装済の製品も被害にあう
対策
発生源（食品堆積物）の除去が重要

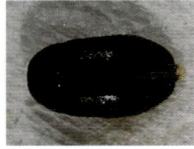
ヒメカツオブシムシ ©富岡康浩

15 乾燥 メイガ類

©富岡康浩

体長 8〜10mm程度（翅の開張13〜16mm）
発生時期 春〜秋に多い
特徴
幼虫の食性は極めて広く、小麦などの穀類をはじめ、穀粉、豆類、乾果、乾燥野菜、二次加工品の菓子、チョコレート、カレーブロックなど、さまざまな食品を加害。幼虫は穿孔力があり包材を食い破って侵入することもある。成虫は灯火にはほとんど誘引されない
対策
フェロモントラップなどを用いたモニタリングが有効

ノシメマダラメイガの幼虫 ©富岡康浩

16 乾燥 コクヌストモドキ類

体長 3〜4mm程度
発生時期 夏〜秋に多い
特徴
頭頂部が平たい。くびれがなく寸胴。小麦粉などの穀粉、小麦粉、米ぬか、砕米またはビスケット、パンなどの加工食品を加害するが、穀粒からは発生しない。コクヌストモドキは飛ぶが、ヒラタコクヌストモドキは飛ばない
対策
フェロモントラップなどを用いたモニタリングが有効

外部侵入昆虫

17 飛翔性 イエバエ類

体長 6〜10mm程度
発生時期 春〜秋
特徴
腐敗動植物質に強く誘引される。O-157などの病原菌を媒介する危険がある。体色は多種多様で、金属光沢を有するもの、市松模様のものもいるため、翅の模様で判別する
対策
腐ったにおいや生臭いにおいにひじょうに敏感なので、これらのにおいが出るものは速やかに廃棄するか、においがもれないようにする。食品残さなどは適切に処理し、卵を産みつけられないようにする

イエバエ ©富岡康浩

18 飛翔性 クロバエ類

体長 7〜12mm程度
発生時期 春〜秋
平地では春と秋に多く、寒冷地では夏に、沖縄地方では冬に多くみられる
特徴
動物質を好む性質が強い。肉類などの生ゴミや動物の糞に強く誘引される。体色は金属光沢を有するものが多い。腹部は丸みを帯び、ずんぐりした体型
対策
動物の死体や食品残さなどから発生するので、肉片はじめ食品残さは速やかに処理する

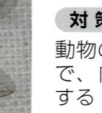
クロバエの一種 ©富岡康浩

6 工場でよくみられる害虫プロフィール ▶内部発生昆虫／外部侵入昆虫

昆虫類	内部発生	湿潤
		乾燥
	外部侵入	飛翔性
		歩行性

外部侵入・飛翔性昆虫の誘引源
光　におい　熱

---

19 飛翔性　ニクバエ類　

センチニクバエ
©富岡康浩

体長 10～14mm程度

発生時期 春～秋。盛夏の頃に増加傾向がある

特徴 肉類などの生ゴミや動物の糞に強く誘引される。雌成虫は卵ではなく1齢幼虫（ウジ）を餌に直接産みつける。腹部には灰色と黒色の市松模様がみられる

対策 卵ではなく幼虫を直接産みつけるので、侵入を許すと料理や製品に直接ウジを産みつけられることがある。侵入されないよう注意が必要

20 飛翔性　トゲハネバエ類　

トゲハネバエの一種
©富岡康浩

体長 5～7mm程度

発生時期 秋～春。気温の低い時期に発生することが多い

特徴 翅の上部にトゲがある（特に胸部のつけ根あたりに目立つが、トゲが斜めに寝ていると見えにくい）。

21 飛翔性　ハマベバエ類　

体長 4～6mm程度

発生時期 冬以外（近畿以西では一年中）

特徴 太くて毛深い脚をもつ。海岸に打ち上げられた海藻などから発生。光のほか、有機溶剤のにおいに誘引される性質をもつ。飛翔力が強く、内陸部でもみられる

対策 有機溶剤を扱う工場では、誘引しないようにおいを不用意に外にもらさないなどの注意が必要

22 飛翔性　アブラムシ類　

体長 1～3mm程度

発生時期 春～秋（園芸施設などでは冬も発生）

特徴 体に対して翅が大きい。翅をもたないもの（無翅虫）もいる。雑食性であらゆる植物上でみられる。灯火に誘引されて、あるいは気流などに流されて場内に迷入する

対策 重要な農業害虫として知られ、周囲に緑地や畑地がある場合は侵入に対する注意が特に必要。微小なので、すき間を確実にふさぎ侵入を防ぐ

23 飛翔性　アザミウマ類　

体長 1mm程度

発生時期 春～秋

特徴 紡錘形（まん中が太く両端がすぼまった円柱状の形）の小さな昆虫。雑食性、肉食性、菌食性のものが知られ、植物体上や落葉層、枯れ木内などでみられる。気流などにのって場内に迷入する

対策 重要な農業害虫として知られ、周囲に緑地や畑地がある場合は侵入に対する注意が特に必要。微小なので、網戸のすき間などからも侵入できるため注意する

24 飛翔性　ウンカ類・ヨコバイ類　

ヨコバイの一種

トビイロウンカ
©富岡康浩

体長 2～5mm程度

発生時期 春～秋

特徴 小さなセミのような外見。雑食性で多種多様な植物体上でみられる。光に誘引される性質が強い。農業害虫として知られるものも多い

対策 周囲に緑地（特に田んぼ）が多い場所で大発生する危険性があり、大発生時には侵入に対する注意が特に必要

工場でよくみられる害虫プロフィール

25 飛翔性 アリ類（羽アリ）

体長 2〜4mm

発生時期 春〜秋

特徴 土中や朽ち木中などに巣を形成し、女王を中心とした社会生活を営む。年に一度、春から秋の繁殖期に、通常の徘徊性のアリのなかから羽アリが発生する。羽アリは光に誘引される性質をもつ

対策 繁殖期に大発生するので、侵入に注意。基本的には徘徊性のアリ(32)と同じ種類なので、光で誘引しないよう気をつけるほかはアリへの対策と同様

26 飛翔性 カメムシ類

体長 2〜15mm程度

発生時期 春〜秋

特徴 翅は上から見るとXに見える。大部分は植食性で、一部捕食性の種類がみられる。植物体上で多くみられるが、地表徘徊性の種類もいる。体長も種類によりさまざま

対策 光に誘引される性質をもつ。晩秋の気温が下がり始めたころに越冬場所を求めて場内に多数侵入してくることがあるので、侵入防止に努める

クサギカメムシ　©富岡康浩

27 飛翔性 ハチ類

体が細長いハチ

体長 0.5〜40mm

発生時期 春〜秋

特徴 巣をつくるものや、ほかの虫や植物に寄生するものなど多種多様。一般に野外性だが、寄生性のコバチ類においては、場内で発生した昆虫に寄生し二次的に内部発生することがある

コバエに似たハチ

対策 捕虫紙に捕獲されるものは小型の種類が多く、この種に対してはモニタリングが有効

28 飛翔性 ガガンボ類

体長 6〜30mm程度

発生時期 春〜秋

特徴 カ（蚊）に似た外見だが、はるかに大型。体の2倍くらいの長さの細い脚をもつ。河川や池、水田などの水域から多く発生。一部、腐葉土からも発生。夜行性で夜間灯などに多数飛来する

対策 光に誘引されて屋内に飛来し、死骸はバラバラの破片になりやすいため混入異物になる危険がある。風にのって場内に迷入することもあるので侵入に注意する

ガガンボの一種　©富岡康浩

29 飛翔性 ユスリカ類

体長 1.5〜7mm程度

発生時期 春〜秋。冬にみられるものもいる

特徴 あらゆる水域（河川や湖沼、下水溝など）から発生。光に誘引される性質をもつ。一度に大量に羽化し、大発生しやすい

セスジユスリカ　©富岡康浩

対策 一般に、夜に光に飛来する虫のなかで最も多いのがユスリカ。光に誘引される性質が強いので、場外になるべく光がもれないようにする

30 飛翔性 クロバネキノコバエ類

体長 1.8〜4mm程度

発生時期 春〜秋。冬にみられるものもいる

特徴 全体的に灰黒色で翅の模様に特徴がある。おもに土壌中から発生。腐った木材や、時には屋内の植木鉢の肥料などから発生することもある

クロバネキノコバエの一種　©富岡康浩

対策 光に誘引される性質をもつ。周囲に緑地が多い場合は特に侵入に注意が必要

6 工場でよくみられる害虫プロフィール ▶ 外部侵入昆虫

昆虫類	内部発生	湿潤
		乾燥
	外部侵入	飛翔性
		歩行性

外部侵入・飛翔性昆虫の誘引源

光　　におい　　熱

31 飛翔性　タマバエ類

体長 1～3.5mm程度

発生時期 春～秋

特徴
微小で弱々しいハエ。大半は植物に寄生し、「虫こぶ」をつくるため種々の植物体から発生。気流などにのって場内に迷入する

対策
周囲に緑地がある場合は注意が必要。風にのって迷入するので侵入されないようにする

32 歩行性　アリ類

体長 食品工場で問題となる種は2～3mm

発生時期 春～秋

特徴
土中や朽ち木などに巣をつくり、女王を中心とした社会生活を営む。陸上動物のなかで最も繁栄しているグループのひとつで、植物の生息しているような場所ではたいてい見かけられる。大部分は雑食性だが、種類によって食性はさまざま

対策
工場の周囲の風通しをよくしておく。腐った木材や建材はすぐに除去または新しいものと交換する。壁の裂け目やすき間はふさぎ、侵入されないようにする

33 歩行性　ワラジムシ類

体長 20mm以内

発生時期 春～秋

特徴
体はだ円形で扁平なワラジ形。含水量20％程度の土壌を特に好み、昼は枯れ葉の下、石の下、ゴミの中、朽ち木などの湿った場所に潜み、夜に徘徊して腐りかけた植物質を食べる。ダンゴムシと異なり、球状になることはできない

対策
冬場に建物の下などに潜って越冬し、春先に床下から場内に侵入したり、大雨が降ったあとに壁に多数がはい上がり、場内に侵入したりすることがある。山林地域からの造成直後に大発生することもある。工場まわりの風通しをよくし、暗くじめじめした場所をつくらないようにする

34 歩行性　ヤスデ類

体長 20～70mm程度（成体）

発生時期 春～秋

特徴
体はかたく、細長い円筒状。一節に2対（4本）の脚をもつ。体を丸めることができる。森林などの落ち葉や土壌の中、朽ち木、枯れ葉、石の下などにみられる。腐った植物やキノコ、菌類がおもな餌。しばしば大発生して問題となる

対策
工場まわりに、ヤスデが好む暗くじめじめした場所をつくらない。落ち葉などをきちんと清掃し、虫の隠れ処をなくす。発生源への対策は困難なので、侵入されると困る区域の周辺の対策を念入りに行う

35 歩行性　ゲジ類

体長 20～35mm程度（成体）

発生時期 春～秋

特徴
ゲジが正式名称だがゲジゲジと呼ばれることも多い。脚はかっ色と紺色のしま模様になっており、ひじょうに長い。落ち葉の下や朽ち木の中、石の下などに潜み、小さな昆虫やクモなどを捕食する。人をかむことはない

対策
ゲジの好む暗くじめじめした環境をつくらぬよう、落ち葉などがたまっていたら清掃する。ホコリやゴミがたまっていると棲みつくこともあるので、清掃をよく行い隠れ処をなくす。侵入が問題になる場合は、工場の外周に粒剤を帯状に散布する

36 歩行性　ムカデ類

体長 7～130mm程度

発生時期 春～秋

特徴
体は扁平で細長い。一節に1対（2本）の脚をもつ。落ち葉や土壌の中、朽ち木、枯れ葉、石の下などにみられる。肉食性でクモ、昆虫、ミミズなどを餌にする。屋内に侵入してゴキブリなどを捕食することもある。大きな毒アゴ（毒牙）をもち、人をかむことがある

対策
ゲジ同様、暗くじめじめした環境をつくらぬよう、落ち葉などがたまっていたら清掃する。ホコリやゴミがたまっていると棲みつくこともあるので、清掃をよく行い隠れ処をなくす。侵入が問題になる場合は、工場の外周に粒剤を帯状に散布する

工場でよくみられる害虫プロフィール

37 歩行性 | クモ類

体 長 2〜50mm程度

発生時期 夏に多くみられる

特 徴
陸上にすむ節足動物のうち、昆虫に次いで種類の多いグループ。体は2つに分かれ、脚は4対（8本）。例外なく肉食性で、巣をはる造網性のものと、歩きまわって餌を捕獲する徘徊性のものに大別される。一般に野外性だが、ハエトリグモ類などがよく屋内の窓際や壁面などに認められる

対 策
餌になる虫がいるから発生しているのであり、虫がいなくなればクモもいなくなる。日ごろの清掃で虫を排除し、さらには棚の裏や場内の隅などに巣をはらせないようにする

38 歩行性 | ハサミムシ類

体 長 18〜35mm程度（成虫）

発生時期 春〜秋

特 徴
地表徘徊性で、石の下など暗く湿った場所を好む。尾角がかたい革質のハサミ状だが無毒。種類によって翅のあるものとないものがある。素手で触ると、ハサミにはさまれてまれに出血することがある。落ち葉や石の下などで生活し、小さな虫を捕食する

対 策
ハサミムシが好む暗くじめじめした環境をつくらない。工場周辺に落ち葉などがたまらないように清掃し、隠れ潜む場所をなくす。排水溝なども清掃し、水はけをよくする

集団越冬する虫

　テントウムシやカメムシのなかまには成虫で集団越冬するものがいます。なかでもナミテントウやクサギカメムシの越冬の生態がよく知られており、これらの虫は10月から11月にかけて野外の気温が10℃前後になるころから、工場の外壁などに集まり庇や窓枠のすき間などから侵入してきます。そして3月中下旬ごろに越冬していた虫が姿を現しますが、2月中でも暖かい日には活動がみられることがあります。

　侵入の目的は越冬であり、原料や製品への直接の加害はありませんが、食品に混入すると異物や悪臭の原因となるので注意が必要です。

6 工場でよくみられる害虫プロフィール ▶ 外部侵入昆虫

虫の分類体系

日本だけでも約3万種の昆虫が存在するといわれていますが、これらすべてを知る必要はありません。

このコーナーでは、工場でよくみられる害虫を紹介しました（なお、一般に「虫」と呼ばれているもののなかには昆虫綱以外のものも含まれています）。ここで紹介した虫のグループは赤字にしています。

節足動物門

甲殻綱（49目）※ワラジムシ類はこのグループに属する

ムカデ綱（5目）※ゲジ類はこのグループに属する
ヤスデ綱（14目）
エダヒゲムシ綱（2目）
コムカデ綱（1目）

昆虫綱（31目）

トビムシ目	カマキリ目
カマアシムシ目	**チャタテムシ目**
コムシ目	ハジラミ目
イシノミ目	シラミ目
シミ目	**アザミウマ目**
カゲロウ目	**カメムシ目**
トンボ目	ネジレバネ目
カワゲラ目	**コウチュウ目**
シロアリモドキ目	アミメカゲロウ目
バッタ目	シリアゲムシ目
ナナフシ目	ノミ目
ガロアムシ目	**ハエ目**
ジュズヒゲムシ目	トビケラ目
※日本未分布	**チョウ目**
ハサミムシ目	※チョウやガを含むグループ
シロアリ目	**ハチ目**
ゴキブリ目	

カブトガニ綱（2目）

クモ綱（16目）※ダニ目はこのグループに属する

ウミグモ綱（2目）

出典：「虫の手引き-2」（イカリ環境事業グループ,2009）

MEMO

ひと目でわかる！　すぐに役立つ!!
食品工場　給食施設　飲食店　容器包装
異物混入を防ぐ！

2016年6月15日　初版発行

監　　修	佐藤　邦裕	定価：	本体3,500円　＋税
	江藤　諮		
発 行 人	桑﨑　俊昭		
発 行 所	公益社団法人日本食品衛生協会		

〒150-0001
東京都渋谷区神宮前2-6-1
食品衛生センター
電　話　03-3403-2114（公益事業部推進課）
　　　　03-3403-2122（公益事業部制作課）
Ｆ Ａ Ｘ　03-3403-2384
E-mail　fukyuuka@jfha.or.jp
　　　　hensyuuka@jfha.or.jp
http://www.n-shokuei.jp/

印 刷 所　株式会社 太平社

©2016 Printed in Japan Food Hygiene Association